KB276121

형상화수학
4Step 사고를 길러라

표준문제해결과정 4Step (VTLM) 형상화
- 효과적인 문제해결을 위한 논리적 사고의 흐름

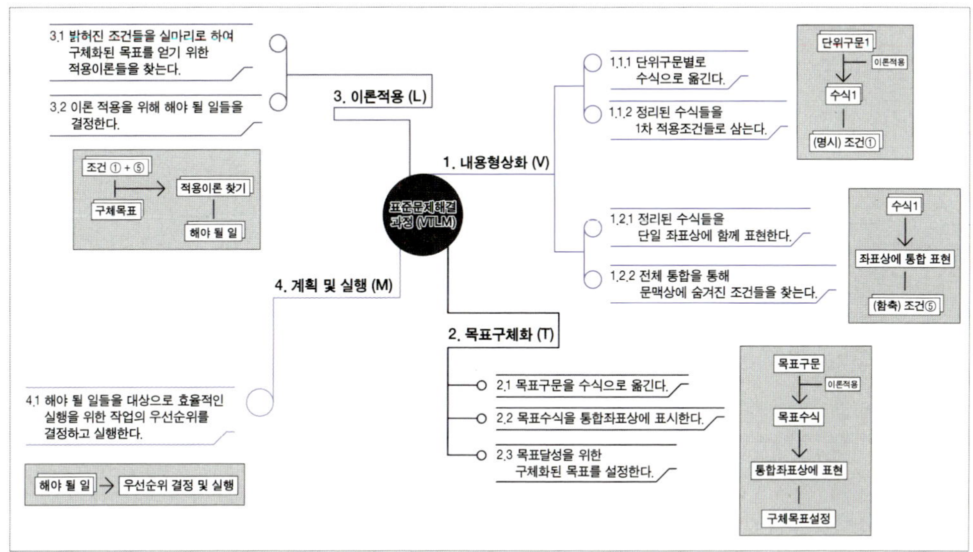

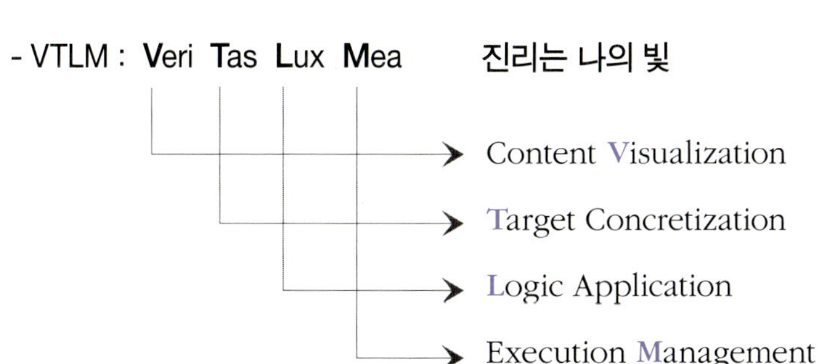

인사말

저자는 서울대 수학과를 졸업하고,

마이크로소프트 컨설팅사업부 이사로 재직하기까지 IT Architect로서 기업체의 대단위 솔루션개발 및 구축에 힘쓰며, 수많은 시스템구축을 수행하여 왔다.

업무 성격에 맞는 시스템을 개발하기 위해서는 ①현재의 상황 및 ②요구분석과정 그리고 그것에 기반한 ③솔루션설계과정, 마지막으로 ④솔루션개발 및 이행까지의 전 과정에 대한 효과적인 실행이 필수적이다. 규모의 측면을 배제한다면, 이러한 일련의 시스템 구축과정의 큰 흐름은 좁게는 수학문제를 풀기 위해서 거쳐야 하는 논리적인 사고의 과정이라 할 수 있다. 즉 "①주어진 내용과 ②목표를 정확히 이해하고, 필요한 것을 얻기 위해 ③관련 이론들의 적용을 모색하여 ④주어진 문제를 푼다."와 맥락을 같이 한다 하겠다. 그리고 넓게는 일상적으로 접하는 생활 문제를 효과적으로 해결하기 위해 필요한 논리적인 사고절차를 담은 일종의 표준문제해결과정으로 볼 수 있을 것이다. 저자는 이 분야의 전문가로서 관련 자격증들을 갖추고 있을 뿐만 아니라 수 많은 성공사례들을 구축하며 업계에 나름의 발자취를 남겨왔다. 이제 저자는 이러한 경험과 노하우를 기반으로, 젊은 시절부터 하고 싶었던 아이들 교육에 제 2의 인생의 목표를 두고 정진하고 있다.

이 책이 나오기까지 물심양면으로 도움을 주신 동료 선생님들과 적극적인 검토를 해주신 학부모님들께 감사의 뜻을 전합니다. 특히 책의 구성부터 세부 문맥의 흐름까지 다양한 검토 및 개선 의견을 주신 김주완 선생님께 각별한 감사를 드립니다.

현재 시중에는 자기주도학습에 관련한 많은 책들이 나와 있다. 그렇지만 대부분의 책들이 자기주도학습의 의미와 중요성 또는 전략적 방향에 대해서 이야기하고 있지만, 구체적으로 어떻게 자기주도학습을 해나가야 하는 지에 대해서는 기술하고 있지 않다. 그것은 아마도 자기주도란 말의 의미상 스스로 공부하면서 깨쳐나가야 하기 때문이라고 생각하는 데에서 기인한 것 같다.

그런데 많은 부모님들이 가지는 고민은 우리 아이는 자기주도학습을 할 능력이 아직 되지 못한다고 생각하는 것이다. 과연 자기주도학습을 하기 위해서 필요한 능력이 무엇일까?

군이 어려운 말을 쓰지 않더라도, 그것은 무언가를 스스로의 논리적인 사고를 통해 풀어가는 능력이라고 할 수 있을 것이다. 그리고 아이들마다 논리적인 사고력의 수준에는 많은 차이가 있다. 스스로 잘 해나갈 수 있는 아이도 있지만, 그렇지 못한 아이들이 더 많은 것이다. 그래서 비록 의지를 내어, 자기주도학습을 해 보려고 해도 금방 벽에 부딪치고, 원래의 자리로 돌아가고 마는 것이다.

이 책은 그러한 학생들을 위해, 수학을 대상으로 각 공부과정, 이론 공부 및 문제 해결 과정에 대한 Step by Step 가이드를 함으로써, 아이들이 체계적으로 자기주도학습 훈련을 해나가며 논리적인 사고능력을 향상시킬 수 있도록 하는 것에 그 방향을 두고 있다. 그럼으로써 자기주도학습을 해 나갈수록 자연스럽게 아이들 자신이 점점 똑똑해 져감을 느껴 공부에 흥미를 갖고 임할 수 있도록 돕고자 하는 것이다.

이러한 공부방법을 통해 도달할 수 있는 목표에 대한 하나의 청사진을 그려보자. 이 책에서 아이들의 논리 사고력 단계를 평가하기 위해 사용하는 지표인 문제해결능력 단계가 Level 2 이상이 되면, 각 단원 별로 이론공부만 한다면 굳이 패턴 별로 미리 문제들을 풀어 보지 않더라도, 난이도 2 이하의 문제들(현재 시중교재로 예를 들면, 기본정석·중등개념원리·고등개념원리 수준의 문제에 해당)은 대부분 풀어낼 수 있는 능력을 갖추게 될 것이다. 이는 아이들에게 상당한 자신감과 더불어 공부에 있어 많은 시간을 절약해 줄 수 있을 것이다.

이 책은 자기주도학습 방법에 대한 오랜 경험과 노하우에 대한 정제된 내용을 담고 있어, 비록 한번에 읽고서 그 내용을 바로 소화하기 어려울 수도 있다. 그렇지만 각 문장의 의미를 생각하며 여러번 반복해서 읽는 다면, 분명 가장 효율적인 공부방법에 대한 자신의 기틀을 가지게 될 것이다. 그리고 그것은 아이들을 최상위권 학생으로 이끌어 줄 것이다.

이 책을 최상위권 학생들이 읽는 다면, 그들의 논리적인 사고과정과 공부방법이 자연스럽게 녹아져 있다는 것을 알게 될 것이다. 바꿔 생각하면, 많은 학생들이 가능한 한 쉽게 따라 할 수 있도록 저자는 그것을 체계적으로 글로서 표현한 것과 같기 때문이다.

전체적인 책에 대한 접근을 쉽게 할 수 있도록 간략히 책의 구성을 소개하면,
제 1 부는 현재 공부방법의 대표적인 문제점들을 알아보고 올바른 공부의 방향 및 자기주도학습의 모습을 구체적으로 이해할 수 있도록 하였다.
제 2 부는 이 책의 주된 내용으로 어떻게 공부할 것인가? 즉 각 공부과정에 대한 구체적인 모습을 형상화하고, 구체적인 실행을 위한 자기주도학습 Step by Step 가

이드 및 실제 적용 예제들을 포함하고 있다.

제 3 부는 아이들이 과연 목적한 대로 잘 해나가고 있는지를 어떻게 평가하고 관리해나갈 것인가에 대한 내용을 담고 있다.

그리고 부록에서는 저자가 학원운영을 하면서 느꼈던 중요한 점과 도움이 될만한 노하우들을 주제별로 정리하여 기술하였다.

앞으로 수학공부를 올바르게 하는 방법, 자기주도학습 방법과 그 의미 그리고 구체적인 절차에 대해 알아볼 것이다. 다음은 결언 부분에 기술된, 그러한 내용들을 종합하여 쉽게 머리에 떠올릴 수 있도록 정리한 수학공부에 대한 하나의 청사진이다. 미리 살펴봄으로써 독자가 어떤 방향에서 이 책을 읽어 나가야 하는지 도움을 주고자 한다.

큰 줄기는 "논리적인 사고를 기반으로 한 문제해결능력을 단계적으로 키우는 쪽으로 공부의 방향을 잡고, 집중적인 훈련을 통해 체득화 함으로써 키워진 능력의 실전 적용에 대한 정확도와 속도를 향상시킨다." 이다.

구체적으로는
- 이론 학습과정:
(1) 표준 이론학습 과정에 기준하여, 각 단원의 이론에 대한 일차 자기주도학습을 수행한다.
(2) 체크된 모르는 부분에 대해, 수업시간에 선생님께 질문하고 답변을 듣는 과정을 통해, 각 이론에 대한 자신의 일차 지식지도를 완성한다.
　- 이 지식지도의 완성도는 자신의 문제해결능력 단계에 따라 상이하다.
　- 이론의 내용을 이미지화해서 상상하고, 그것을 남에게 설명할 수 있다면, 이론공부를 제대로 했다는 것을 의미한다.

- 문제풀이 학습과정:

(1) 표준 문제해결 과정에 기준하여, 각 난이도별 문제를 풀고 틀린 문제를 찾아낸다.

- 공부하는 과정에서 문제를 틀렸다는 것은, 자신의 현재 실력을 높일 수 있는 기회를 잡았다는 것을 의미하므로 실망할 것이 아니라 그 원인을 찾아 실력을 높일 수 있어야 한다.

- 현재 난이도에서 틀린 문제가 없을 경우, 문제의 난이도를 높여서 풀어야 한다.

(2) 틀린 문제에 대해, 표준 클리닉 과정에 기준하여 자신의 논리적인 사고과정을 점검하고, 잘 못하고 있는 부분을 찾는다. 그리고 해당 부분을 발생시킨 자신의 사고의 과정을 살펴보고 그 원인을 찾아, 자신의 현재 사고 패턴에 변화를 준다.

- 1차 자율 클리닉을 통해 틀린 원인을 찾지 못할 경우, 수업시간에 선생님을 통해 2차 클리닉을 받고 무엇이 문제였는지 그리고 어떻게 보완해야 하는 지 알아낸다.

- 틀린 문제의 원인이 논리적인 사고의 과정 이전에 관련 이론에 대한 이해 부족으로 나타날 경우, 자신의 해당 이론에 대한 지식지도를 보완한다.

(3) 꾸준한 자율집중 훈련을 통해 변화된 사고 과정을 체득화 한다.

체득화 수준에 따라 문제해결의 속도와 정확도는 점점 높아질 것이다.

- 이 과정을 게을리 하여, 배운 내용을 제때에 자기 것을 만들지 못한다면, 일정 시간이 지나면 자연스럽게 잊혀 지게 되어. 그때까지 투자한 노력을 수포로 만들게 될 것이다.

위 과정의 반복을 통해 자신의 문제해결능력 레벨을 단계적으로 향상시킨다. 그리고 노력과 결실이라는 성취 경험을 통해 올바른 공부습관이 몸에 베도록 한다.

참고로 문제해결능력 단계가 높아질 수록, 이론에 대한 지식지도 작성의 효율성은 점점 좋아질 것이며 또한 미리 연습해 보아야 할 문제의 수는 점점 줄어들 것이다. 반면 문제해결능력을 높이지 못한다면, 이론들은 개별적으로 외워야 할 대상이 될 것이며, 문제의 난이도가 높아질 수록 미리 풀어서 익혀야 할 문제의 수는 기하급수적으로 늘어날 것이다.

이러한 방법이 본인 스스로 똑똑해지고 있음을 느끼면서,
최소한의 노력을 통해 실력을 향상시킬 수 있는 가장 좋은 방법이다.

여러분이 문제해결능력 2단계를 넘어선다면, 당신은 서울대에 갈 수 있는 기본 여건을 갖추었다고 할 수 있습니다. 그러면 노력의 결과는 당신의 것이 될 것입니다.

시험을 어떡하면 잘 볼 수 있을 것인가? 모두가 궁금해 할 것이다. 비록 시험자체가 공부의 근본적인 목표는 아닐지라도, 그 과정의 결실로서 현실적으로 얻어야만 하는 것이 분명하기 때문이다.

그럼 이러한 과정의 목표로서 시험을 잘 보기 위한 청사진을 분명하게 한번 그려 보도록 하자. 그리고 이 책에서 언급될 자기주도학습방법대로 공부를 한다면, 이 목적이 잘 이루어질 수 있겠는지 스스로 점검해 보도록 하자.

우선은 시험범위내의 이론들을 잘 알아야 할 것이다. 그럼 어떤 상태가 이론들을 가장 잘 아는 것일까?

첫 번째, 연관된 모든 이론들이 상호 연결된 완전한 지식지도를 갖춘다.
- 고등학교까지 배우는 수학이론들의 기본원리들은 비록 정해져 있지만, 그러한 원리들에 대한 파생이론들의 수는 너무 많기 때문에, 단순히 외워서는 도저히 커버할 수 없다.
- 지식지도의 완성 수준은 자신의 문제해결능력 단계에 따라 달라진다. 왜냐하면 선생님이 각각의 이론에 대하여 상호 연결과정을 설명을 잘해 주어도, 이해가 안간다면, 대부분 그냥 결과만 외우게 되기 때문이다. 아무리 많이 시도해도 담을 수 있는 지식의 양은 자신의 그릇의 크기(현재 문제해결능력 수준)에 의해 결정된다.

이제 이론들을 잘 알았다면, 해당 이론들을 문제 상황에 맞게 잘 써먹을 수 있어야 할 것이다. 그런데 이론의 내용을 단순히 일대일로 매핑하여 풀 수 있는 낮은 난이도의 문제는 그리 많지 않다. 그럼 어떤 상태가 문제를 풀기 위하여 이론들을 적재 적소에 가장 잘 활용할 수 있는 것일까? 무엇이 더 필요한 것일까?

　두 번째, 주어진 조건들을 정확히 파악하고, 상황에 맞는 최적의 솔루션을 선택할 수 있도록 필요한 문제해결능력 레벨을 갖춘다

　- 단순히 이론들을 잘 알고 있다고 하여, 모든 문제를 잘 풀 수 있는 것이 아니다. 다양한 상황의 문제들을 잘 풀기 위해서는

① 문제의 상황은 하나 일 수도 있고, 복잡해 진다면 여러 개가 섞여 있을 수 있다. 우선은 그러한 상황을 분명하게 간추려서 정리할 수 있는 능력이 필요할 것이다.

② 문제의 목표 또한 단순하게 주어질 수도 있고, 여러 개의 조건하에 변동하는 상황으로 주어질 수도 있다. 마찬가지로 이러한 내용을 분명하게 정리하고 구체화할 수 있는 능력이 필요 할 것이다.

③ 주어진 상황을 잘 이해하였다면, 이제 목표를 달성하기 위하여, 즉 문제를 풀기 위하여 어떤 이론들을 어떤 순서대로 적용하는 것이 가장 효과적인 지에 대해, 실마리를 찾아내고 솔루션을 설계할 수 있는 능력이 필요할 것이다.

④ 마지막으로 파악된 일들을 효과적으로 실천할 수 있는 능력이 필요할 것이다.

　위의 과정에 필요한 능력들을 종합하여 문제해결능력이라 부른다.

- 이러한 종합적인 문제해결능력은 발생 가능한 상황들을 세부적으로 구분하여
  필요한 각각의 훈련을 체계적으로 그리고 지속적으로 해 나감으로써 단계적으
  로 향상시켜 나갈 수 있을 것이다.

이 책은 전반적으로 선생님입장에서 이해의 자연스런 흐름을 가질 수 있도록 기술되었다. 그래서 어떤 부분은 학생, 학부모, 학원장의 입장에서는 관심사나 내용의 깊이 측면에서 다소 어렵거나 동떨어지게 느낄 수 있을 것이다. 아래표는 독자 별로 주요 대상이 되는 부분을 표시해 이해를 돕고자 하였다.

목　　　　　　차	학생	학부모	학원장	선생님
제 1 부 : 우리 아이들은 제대로 공부하고 있는가?				
1. 올바른 공부를 위한 두 가지 필수 요소 : 방향과 습관				
2. 비유를 통한 올바른 공부방향에 대한 이해				
3. 습관의 형성과 동기 : 어떻게 하면 꾸준히 노력할 수 있을까?				
4. 학생시절 기반학습능력 형성의 의미				
5. 문제해결능력 수준에 따른 공부 효율의 변화				
제 2 부 : 어떻게 공부해야 하는가?				
Part 1 : 자기주도학습체계				
1. 자기주도학습을 위한 3대 능력				
- 이론이해능력 : 지식지도의 완성				
- 문제해결능력 : 논리적인 판단력				
- 실행능력 : 체득화/습관화				
2. 논리적 사고의 흐름(논리사고력)에 기반한 표준학습프레임워크				
- 표준이론학습과정				
- 표준문제해결과정				
3. 자기주도학습능력의 훈련				
- 표준자기주도학습과정				
- 표준클리닉과정 : 어떤 과정이 잘못되었고, 왜 그러한 현상이 발생했는가?				

목차

01

우리 아이들은 제대로 공부하고 있는가?

01

올바른 공부를 위한
두 가지 필수 요소: 방향과 습관

이 책은 학생들에게 올바른 공부방법이 무엇인가를 느끼게 하고, 그에 대한 구체적인 실천방법을 알리고자 쓰여지게 되었다.

이러한 내용으로 책을 쓰게 된 연유에는 다음과 같은 몇 가지 동기에 따른 공감하고자 하는 바를 활자를 통해 보다 정확히 알리고, 독자들이 반복적으로 그 내용을 살펴볼 수 있도록 하는데 그 뜻이 있다 하겠다.

첫 번째 동기는 저자의 아이가 관련되어 있는데, 공부의 방향에 관한 것이다.

저자는 현재 특목고에 다니고 있는 자녀를 두고 있는데, 저자가 바쁜 회사생활을 하고 있던 예전에는 일반적인 아이들처럼 나름 지역에서 유명하다는 여러 학원을 다니면서 공부를 하고 있었다. 그런데 당시 중학생이었던 아이의 수학공부를 직접 봐주기 시작하면서 저자는 놀라지 않을 수 없었다. 아이의 공부방법에 커다란 문제가 있었던 것이었다. 그 동안 아이는 수학공부를 통해 자신의 논리적인 사고력, 문제해결능력을 키우는 것이 아니라, 시험을 잘 보기 위한 문제풀이 패턴을 익히고 있었던 것이었다. 공부를 통해 아이들이 익혀야 할 것은 단순히 시험을 위한 문제풀이방법이 아니라 논리적인 문제해결능력과 노력을 통해 성취를 이루기 위한 끈기 있는 공부습관이고, 그것을 통해 자연스럽게 성적향상이 이루어져야 한다고 믿고 있었던 저자에게는 커다란 충격이었다. 그 후 어느 정도 자리잡은 잘못된 습관을 버리고 올바른 습관을 들이는데 많은 시간과 힘든 노력을 기울여야만 했다.

참고로 현재까지 학원을 운영하면서 저자가 아이들에게 왜 공부하니 하고 물었을 때, 대부분 아이들의 대답이 시험을 잘 보기 위해서라고 대답하는 것을 보고, 요즘 아이들의 교육방향을 느낄 수 있었다. 또한 요즘 아이들은 쉽게 얻는 것에 너무나도 익숙해서, 조금만 골치 아프면 아예 시도조차 하지 않으려 한다. 너무나도 큰 문제가 아닐 수 없다. 다시 본론으로 돌아와서…… 두 가지 접근방법이 과연 어떻게 다른 것일까 생각해보자.

공부의 이유가 시험을 잘 보기 위해서고, 그것을 위해 다양한 문제풀이 패턴을 익힌다는 것은 매 이론 별로 문제의 대표유형과 변형유형을 정의하고 그것을 반복적으로 연습하는 것이다. 언뜻 보면 공부방법에 별 문제가 없는 듯 하지만, 이러한 방법은 공부를 매우 힘들고 어렵고 재미없게 만들게 된다. 왜냐하면 문제의 난이도가 적을 때는(예: 초등학교과정) 변형유형이 적어서 큰 무리가 없지만, 문제의 난이도가 높아지면 변형유형이 기하급수적으로 늘어나기 때문에 그것을 모두 커버한다는 것은 자연히 무리가 따르게 된다. 게다가 중학교부터는 이론의 범위도 같이 늘어나므로, 아이들의 공부는 점점 힘들어지고 재미없어지게 되는 것이다.

이러한 방법의 더욱 큰 문제는 공부에 대한 아이들의 사고 방식의 문제이다. 아이들은 문제를 접하면, 논리적으로 문제의 내용을 살펴보고 어려운지 아닌지를 판단하는 것이 아니라, 풀어본 유형이면 쉽게 접근하지만, 그렇지 못하면 논리적인 사고력을 갖추지 못한 대부분의 경우, 당황하게 된다. 그리고 문제를 못 푸는 이유를 해당 문제유형을 미리 안 해봐서라고 생각한다. 즉 공부는 외워서 적용하는 것이란 생각이 머리 속에 자리잡게 된다는 것이다.

그와 반면에

- 공부의 이유가 똑똑해지기 위함이라는 본래의 목적에 충실하다면 어떨까? 그리고 똑똑해짐에 따라 자연스럽게 시험을 잘 보게 되는 것이다.

이 목적을 달성하려면 똑똑해지기 위한, 즉 논리적인 사고과정에 기반한 문제해결능력을 키우는 방법을 연습해야 한다. 이에 대한 구체적인 실천방법이 이 책의 본문 내용이니 여기서는 각설하도록 하겠다. 이러한 측면에서 바라보면, 초·중·고 시절의 수학이론은 논리사고력, 문제해결능력을 훈련하기 위한 다양한 소재라고 볼 수 있다. 그리고 각 이론별 문제풀이 과정은 소재(이론)를 이용한 다양한 상황에서의 문제해결을 하는 것으로서 논리적인 사고과정에 대한 훈련이라 할 수 있다. 즉 수학공부란 해당 이론을 숙지한 후, 문제풀이를 하면서 논리적 사고과정을 훈련하며, 틀린 문제를 통해 자신의 사고과정을 점검하고, 잘못된 부분 및 원인을 찾아, 맞춤훈련을 통해 고쳐나감으로써 자신의 문제해결능력을 점차 높여가는 것이라 할 수 있다.

이러한 일련의 훈련과정을 통해 문제해결능력을 높여 놓는다면, 매 이론별로 각종 문제의 변형유형들에 대한 풀이방법을 일일이 미리 익히지 않더라도 자연스럽게 문제를 풀어나갈 수 있게 될 것이다. 즉 문제해결능력이 높아질수록 공부는 점점 효율적으로 변해 갈 것이며, 그에 따라 자신이 똑똑해 짐을 느끼고 뿌듯해 지게 될 것이다.

다음에 위의 두 가지 방법을 각각 형상화 해 봄으로써, 이해를 돕고자 하였다.

일반적인 공부방법: 공부의 목적 = 시험을 잘 보기 위해서

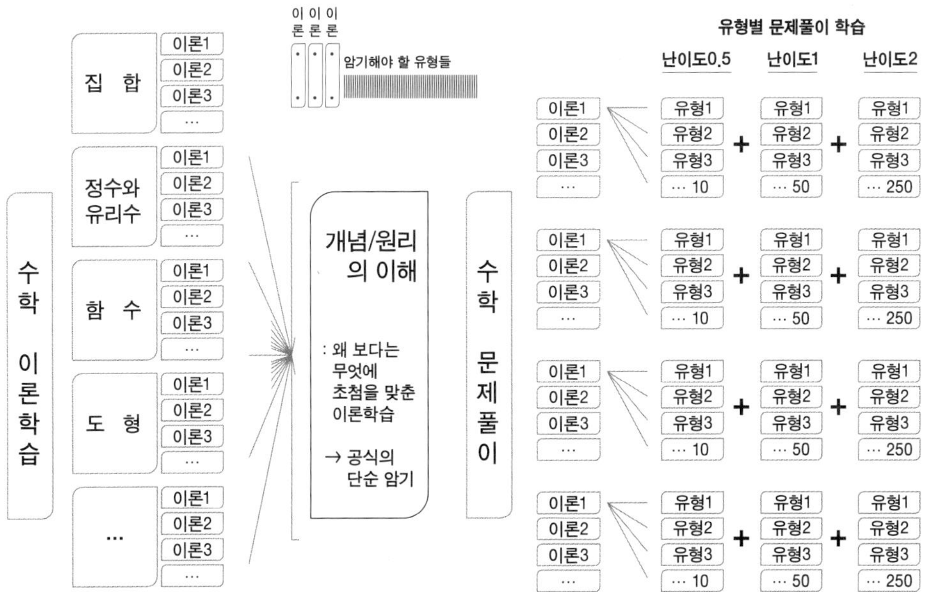

- 이론에 대한 일방적인 전달 교육은 아이들이 이론의 내용을 얼마나 잘 이해했는지 파악하기 가 어렵다.
- 이론에 대한 자기주도학습훈련이 되질 못한다.

- 유형별로 단순히 문제풀이 연습을 하는 것은 낮은 난이도의 문제를 대비할 때는, 쉬운 공부방법이 될 수 있다. 그러나 난이도가 높아질 수록 문제 유형의 수는 기하급수적으로 늘어남으로, 유형별로 문제풀이 연습을 하는 것은 크게 효과가 없을 뿐 아니라, 풀어 보아야 할 문제의 수가 많아짐에 따라 아이들은 점점 지치게 된다.
- 문제 풀이에 대한 자기주도학습 훈련이 되질 못한다.

※ 이런 방법으로 공부한다면?

물론 어떤 소재를 주면, 스스로 해결해 보려는 기본적인 자세·능력을 갖추고 있는 (이미) 똑똑한 학생들은 이론에 대한 일방적인 설명을 듣더라도, 단순히 외우는 것이 아니라 스스로 왜 그런지를 생각하면서 그 내용을 받아 들이며, 문제풀이에 대한 설명을 듣더라도 단순히 풀이방법을 외우는 것이 아니라 스스로의 논리적인 사고기준을 가지고 왜 그렇게 풀어야 하는 지를 이해하려고 하기 때문에, 그들에게는 어떤 공부 방법이든 크게 문제가 되지 않을 것이다. 그렇지만 아직 그러한 자세·능력를 갖추고 있지 못한 대다수의 학생들은 어떻게 해야 할 지 모르므로 당장은 그냥 외울 수 밖에 없을 것이다. 우리는 이러한 많은 학생들에게 그들이 노력을 통해 똑똑해 질 수 있다는 것을 인식시키고, 그것을 실현하기 위해 올바른 공부방법을 준비하고 그들을 훈련시켜야 할 것이다. 이것이 교육학원이 보다 신경 써서 해야 될 일인 것이다.

효과적인 공부방법: 공부의 목적 = 똑똑해 지기 위해서

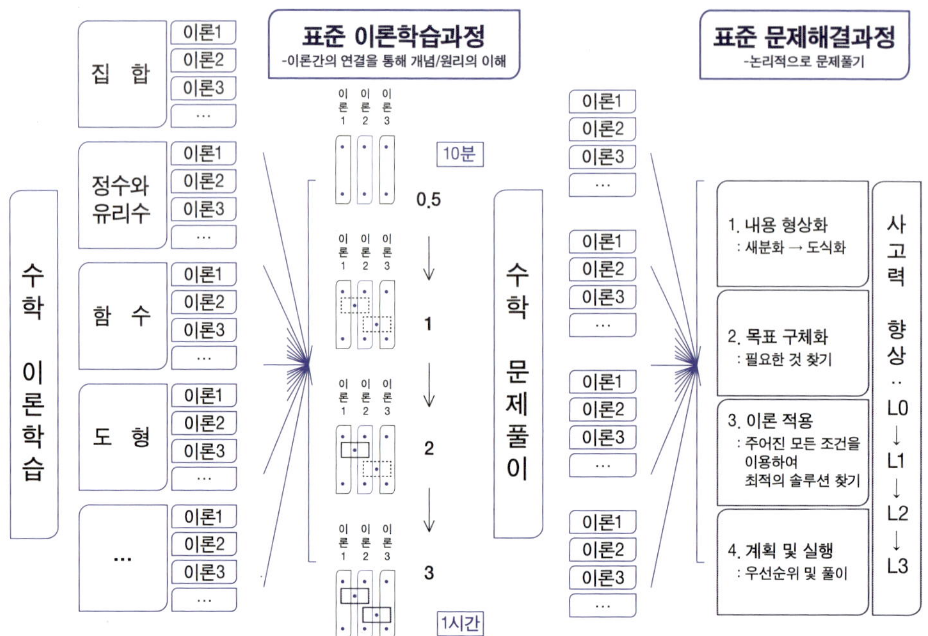

사고의 전환 :

이론은 나중에 써먹기 위해서 배우는 것이라기보다는 사고력(문제해결능력) 향상을 위한 다양한 훈련의 장(소재)으로서의 역할이 더 크다.

- 표준이론학습과정은 논리적인 사고를 통해 이론의 자기주도학습을 위한 기준절차로서 체계적인 훈련을 위한 하나의 도구이다.

사고의 전환 :

문제풀이는 단순히 문제풀이 패턴을 익히는 것이 아니라, 논리적인 사고과정의 정확도와 속도를 높이기 위한 훈련과정이 되어야 한다.

- 표준문제해결과정은 논리적인 사고를 통해 문제풀이의 자기주도학습을 위한 기준절차로서 체계적인 훈련을 위한 하나의 도구이다.

※ 이런 방법으로 열심히 공부한다면, 과연 똑똑해 지겠는가?

　똑똑하다는 것은 단순히 많은 지식을 알고 있다는 것이 아니다. 주어진 지식들을 논리적인 사고를 통해 상황에 맞게 사용할 줄 안다는 것이다. 우리는 공부를 통해 그러한 과정을 연습하는 것이다.

　위에서 묘사한 이론 및 문제풀이에 대한 체계적인 자기주도학습 훈련을 통해서, 우리는 아이들의 논리적인 사고능력, 즉 문제해결능력을 단계적으로 향상시켜 나갈 수 있게 될 것이다.

두 번째 동기는 학원운영을 하면서 느낀 점인데, 아이들의 공부습관에 관한 것이다.

일부 아이들이 기대한 만큼 실력이 향상되지 않았다. 특히 중·고등학교 1학년의 경우 그러한 현상이 두드러져 보였다. 그들의 공부데이터를 분석해본 결과, 그러한 현상의 주된 이유는 아이들의 공부습관과 관련되어져 있었는데, 그런 아이들의 대부분이 자율적인 집중공부시간이 매우 부족함을 알 수 있었다. 특히 중학교 1학년 생의 경우 더욱 심하였는데, 그것은 많은 학생들이 초등학교 때의 공부습관을 그대로 유지하고 있었기 때문이었다. 초등학교 때와 달리 중학교의 공부는 이론의 범위 및 문제의 난이도가 높아짐에 따라, 같은 시간 내에 공부를 마치려면 한 단계 더 높은 단위 시간당 공부효율을 필요로 하게 된다. 즉 중학교에 올라와서는 공부시간을 늘리거나, 단위 시간당 공부의 효율을 더 높여야만 하는 것이다. 여기서 단위 시간당 공부의 효율을 높인다는 것은 한 단계 더 높은 문제해결능력을 갖추어야 한다는 것을 의미한다(제1부 5. 문제해결능력 수준에 따른 공부효율의 변화 참조). 따라서 이전 학년에서 그 학년의 요구수준보다 높은 난이도의 문제를 해결할 수 있는 논리적인 사고력(문제해결능력) 수준을 갖추지 못했다면, 현재 학년의 공부를 원활하게 하기 위해서는 더 많은 시간을 투자해야 하는 것이 필요한 것이다.

- 참고로 문제해결능력 향상이 아닌 단순히 진도를 앞서가는 선행학습으로는 새로운 이론에 대한 부담감을 줄여줄 순 있어도 시간당 공부효율의 향상을 꾀하기는 어렵게 된다. 어떤 경우에는 이미 해 보았다고 정작 학교수업시간에는 집중을 하지 않는 역효과를 초래하기도 한다.

또한 종합적으로 생각해보면, 미리 대비하는 것이 꼭 좋다고는 할 수 없을 것 같다. 각 학년에 맞는 문제해결능력을 갖추기 위해 필요한 자율집중공부시간을 기준하여 보면, 초등학교 때는 40분, 중학교 때는 1시간, 고등학교 때는 2시간으로 늘려가는 것이 필요한데, 이 시간은 나이에 맞는 자연스러운 공부시간이기 때문이다. 물론 다음 학년의 안정적인 수행을 위해 미리 댕겨서 훈련시킬 수도 있지만, 어떤 아이에게는 무리가 올 수도 있고 그 시간만큼 그 나이에 할 수 있는 다른 일들에 대한 기회를 잃어버릴 수도 있다. 그렇기 때문에 아이의 성향과 상황에 맞는 신중한 선택이 필요할 것이다. 정리하면 특별한 경우가 아니라면, 학년을 넘어서는 선행학습은 해당 학년에서 요구되어지는 문제해결능력을 일정수준 이상 갖춘 아이들에게 시키는 것이 보다 효과적일 것이다.

그러나 사춘기 등 여러 가지 일로, 공부하기 싫은 중학생에게 그렇게 더 많은 시간을 공부하도록 하는 것은 현실적으로 쉬운 일이 아니다……. 정리하면, 아이들이 효율적으로 공부할 수 있도록 하기 위해서는 어떻게든 제때에 필요한 문제해결능력을 갖출 수 있도록 체계적으로 지도하는 것이 필요한 것이다.

그러면 문제해결능력을 효과적으로 향상시키기 위해서는 무엇이 필요한 것일까 다음의 비유를 통해 알아보도록 보자. 그것은 마치 쉬운 일은 단순히 새롭게 아는 것만으로도 어느 정도는 당장 실천할 수 있으나(초등학교 때의 공부), 높은 기술을 요하는 어려운 일은 일정기간 이상의 훈련을 해야만 비로서 제대로 실천을 할 수 있게 되는 것과 같은 이치에서 출발한다. 예를 들어 중급의 수영선수가 자신이 잘 못하고 있는 부분 및 그것을 바로잡는 영법을 코치로부터 가르침을 받더라도, 일정기간 이상의 집중적인 훈련을 통해 새로운 영법을 행할 수 있는 관련 근육이 몸에 붙이고 난 후에야만 비로서 제대로 수영을 잘 할 수 있게 될 것이기 때문이다. 문제해결능력의 향상 또한 마찬가지 원리가 적용된다고 할 수 있다. 단순히 자신이 무엇을 잘못했는지 인지하는 것만으로는 문제해결능력 향상을 기대할 수 없다. 무엇을 잘못했는지 아는 것은 매우 중요한 일이지만, 그것은 훈련의 방향을 결정짓는 것에 지나지 않는다. 일정기간 집중적인 사고력 훈련을 해야만 비로서 사고의 근육이 형성되고, 그때서야 보다 높은 수준의 문제해결능력을 발휘할 수 있게 되는 것이다. 비로서 결실을 맺게 되는 것이다. 산책하듯이 운동하면 새로운 근육은 만들어 지지 않고, 일정기간 땀을 흘릴 정도의 집중적인 훈련을 할 때에야 비로서 새로운 근육이 만들어지는 것과 같은 이치라 할 수 있다.

많은 아이들이 이 부분을 간과하여, 기대이상의 실력향상을 이루지 못하고 있었던 것이었다. 유념해야 할 점은 학교·학원 등 선생님 지도하의 수업시간은 사고의 근육형성을 위한 집중적인 훈련을 위한 시간이 될 수 없고, 혼자서 자유롭게 사고할 수 있는 개방된 상태에서의 자율적인 집중공부시간이 사고의 근육형성을 위해 가장 유효한 시간이 된다는 점이다. 이것은 실질적인 사고력훈련이 되려면, 실제상황 즉 자신이 임의의 상황에 처했을 때 주어진 여러 가지 상황을 분석하여 올바른 판단을 하도록 해야 하는데, 수업시간에서는 설명과 같이 선생님이 판단한 것을 이해하거나, 자신의 부족한 부분에 대한 특정 훈련을 위해 범위가 제한되는 등, 어떤 주어진 상황에서 판단을 하는 과정을 넘어설 수 없기 때문이다.

— 힘들이지 않고 얻을 수 있는 가치 있는 것이란 없다. 그것은 가치란 노력의 결과만큼 생기는 것이기 때문이다. 다만 올바른 방향은 노력의 효율성을 배가시켜 준다.

저자의 교육방향은 수학 공부를 통해 학생들이 일련의 논리적인 사고과정에 기반한 문제해결능력을 키우고, 그것을 실천할 수 있는 올바른 공부습관을 형성할 수 있도록 돕고자 하는 데에 있다.

그러한 방향에서 이 책이 지속적인 발전을 하기 위한 교두보 역할을 했으면 좋겠다.

— Baseline Earlier, Improve Continuously

이 말은 저자가 좋아하는 말로, 마이크로소프트의 개발철학이기도 하다.

02

비유를 통한 올바른 공부방향에 대한 이해

나름대로 꽤 많은 시간을 공부해 왔는데, 나는 왜 실력이 잘 늘지 않는 걸까? 많은 학생들의 고민이다.

요즘 자기주도학습이 중요하다고 말하는데, 어떻게 해야 하는 걸까?

- 스스로 열심히 해야 하는 것 같은데, 열심히 만 하는 것으로 충분할까?
  분명 뭔가 더 필요할 것 같은데, 그것이 무엇일까?
- 무작정 열심히 하는 것은 말하기는 좋지만, 실제로 그렇게 하기에는 많이 힘이
  드는데, 어떻게 하면 좀 더 효과적으로 할 수 있을까?

지금부터 이러한 고민을 하나의 수학문제를 푼다고 생각하고, 논리적인 과정을 통해 이 문제를 함께 풀어보자.

❶ 무엇이 문제일까?

우선 수학공부를 바라보는 시각으로부터 찾아볼 수 있다.

앞서 언급한 바와 같이, 수학공부란 해당 이론을 숙지한 후, 문제를 풀면서 틀린 문제를 통해 자신의 사고과정을 점검하고, 잘못된 부분 및 원인을 찾아내어, 훈련을 통해 고쳐나감으로써 자신의 문제해결능력을 점차 높여가는 것이라 할 수 있다. 즉 공부는 과정학습이라 할 수 있다. 과정의 훈련을 통해 필요한 것, 즉 문제해결능력(논리적인 사고능력)을 향상시켜 나가는 것이다. 각각의 이론은 이러한 훈련을 위한 일종의 장인 것이다. 그런데 시험을 자신에게 그 동안 쌓인 실력을 평가하기 위한 하나의 방편으로 보지 않고, 대학을 들어가기 위한 조건으로서 내신성적 및 스펙 쌓기 등에 너무 치중한 나머지 본래의 공부의 방향에서 어긋나게 된다면, 공부는 점점 효율성을 잃게 되고, 힘들고 재미없는 일일 수 밖에 없어지는 것이다.

이것에 대한 이해를 돕기 위하여 우선 다음의 이야기를 살펴보자.

Prototype : 시나리오 - Trading Game 그리고 준비과정

  1. 한 달 뒤에 어떤 동네에서 Trading Game이 있다.

    - Game 형식 : 팀별 대항전, 단 각 팀의 멤버는 시험 전날 구성된다.

    - Game Rule

      ① 제품의 구성 원료들을 구매하여 각각 의 상품을 만든 후 시장에 팔아 이윤을 남긴다.

      ② 원료는 지정된 원료구매처에서 구매한다. 시장논리에 따라 구매 순서가 늦을 수록 가격이 상승된다.

      ③ 상품은 지정된 시장에서 판매한다. 시장논리에 따라 판매 순서가 늦을 수록 가격이 하락한다.

  2. 원료구매처 및 시장의 위치는 시합 당일 날 좌표 형식으로 공개되며, 동네 지도는 제공되지 않는다.

그리고 관련도로의 주요 장애상황은 마찬가지로 당일 시합 전에 발표되어 진다. 따라서 주어질 상황에서의 가장 효율적인 동선 확보를 위해, 사전에 지도를 확보하는 것은 필수사항이다. 그리고 **주어진 장애상황을 효과적으로 대처할 수 있는 문제해결능력을 갖추도록 해야 할 것이다.** 그러나 이 사실을 선생님이 직접적으로 말해줄 수 없고, 학생들 스스로 찾아내야 한다.

3. 선생님은 아이들이 효과적으로 지리를 익힐 수 있도록, 중심이 되는 대표적인 동선들을 파악하고, 아이들 스스로 필요한 길들을 익혀나갈 수 있도록, 각 루트를 중심으로 목표지점에 작은 선물을 두고 찾아가도록 하는 작은 게임을 기획한다. 그리고 동기부여를 위하여 선물은 찾은 사람이 가질 수 있도록 하였다.

4. 아이들은 선물을 얻기 위하여, 각자가 생각한 방법으로 미션을 수행한다.

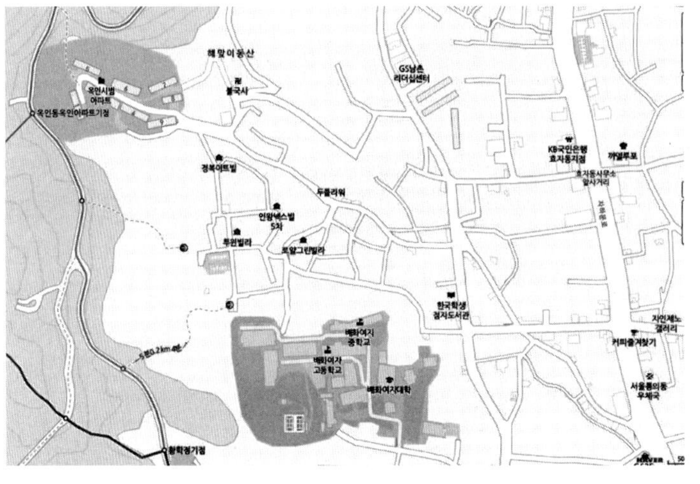

→ 시험을 잘 보기 위해서 갖추어야 할 것
   ① 능력 : 문제 해결 능력, 지도 제작 능력, 실천력 ② 정보 : 지식지도

→ Winner : 1년 해외유학 상품권

시합장소 : 동의동

불국사

까달루포

지도 제공 안함

배화여자대학

동의동 우체국

- 보물찾기 게임1

　① 목적지 : 불국사 (10시 방향, 정확히 간다면 출발지에서 걸어서 30분)

　② 출발지 : 동의동 우체국

　③ 상품 : 에버랜드자유이용권

- 보물찾기 게임2

　① 목적지 : 까달로푸 (2시 방향, 정확히 간다면 출발지에서 걸어서 20분)

　② 출발지 : 배화여자대학

　③ 상품 : 백화점상품권

- 보물찾기 게임3

　① 목적지 :

　② 출발지 :

　③ 상품 :

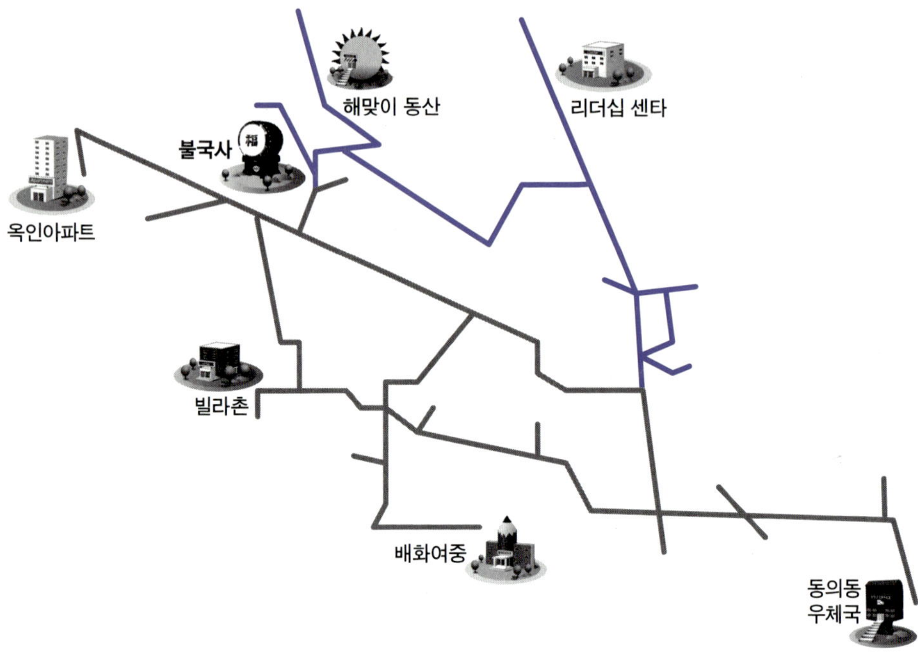

비유 : 수학문제

(1) **구하는 것 : 불국사까지 가는 것 (목적지)**
(2) **주어진 사실들**
   - **시작점 : 동의동우체국 (초기값)**
   - **조건 : 제한시간**
(3) **찾아야 할 것 : 이동수단 및 루트**
   (자신의 문제해결능력으로 이동수단과 루트를 정한다. 그리고 순서 및 시간계획을 더 해 나름의 플랜을 완성한다. 대부분의 쉬운 문제는 찾아야 할 것이 이미 정해져 있다.)
   → 여기서는 이동수단으로 도보를 가정한다.

타입A 접근방법 : 나름대로의 플랜을 가지고 혼자서 헤매면서 찾아봄

① 첫번째 시도 : 못찾고 혼났지만 아래쪽 지역을 대충 돌아봄

② 두번째 시도 : 보다 윗쪽을 찾아보라는 코칭을 듣고 다시 시도한 끝에 찾음

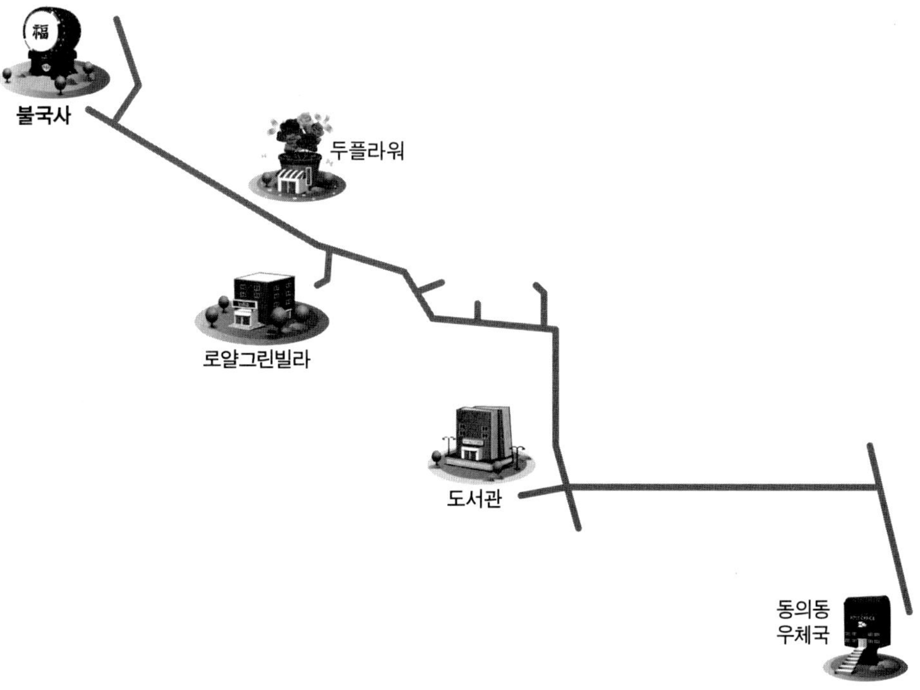

비유 : 수학문제

(1) **구하는 것 : 불국사까지 가는 것 (목적지)**
(2) **주어진 사실들**
   - 시작점 : 동의동우체국 (초기값)
   - 조건 : 제한시간
(3) **찾아야 할 것 : 이동수단 및 루트**
   (자신의 문제해결능력으로 이동수단과 루트를 정한다. 그리고 순서 및 시간계획을 더해 나름의 플랜을 완성한다. 대부분의 쉬운 문제는 찾아야 할 것이 이미 정해져 있다.)
   → 여기서는 이동수단으로 도보를 가정한다.

타입B 접근방법 : 아는 사람에게 물어본 후 알려준 길을 따라 찾아감

① **첫번째 시도 : 별다른 어려움 없이 주변을 둘러보며 바로 찾아감**

   (고맙다고 인사를 함)

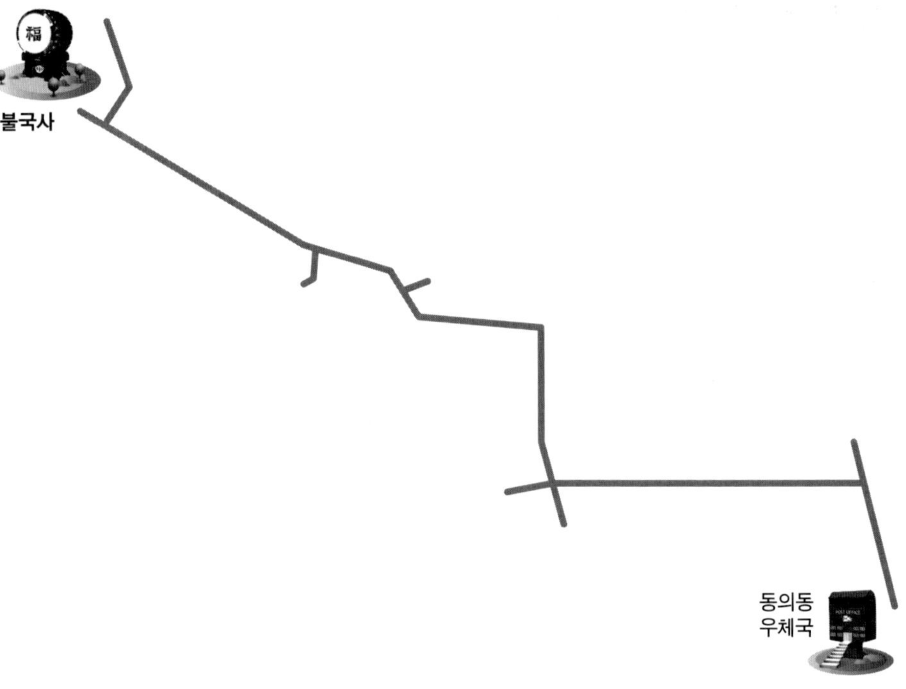

타입C 접근방법 :

　위치를 아는 사람을 찾아 직접 데려다 달라고 함 (사례를 함)

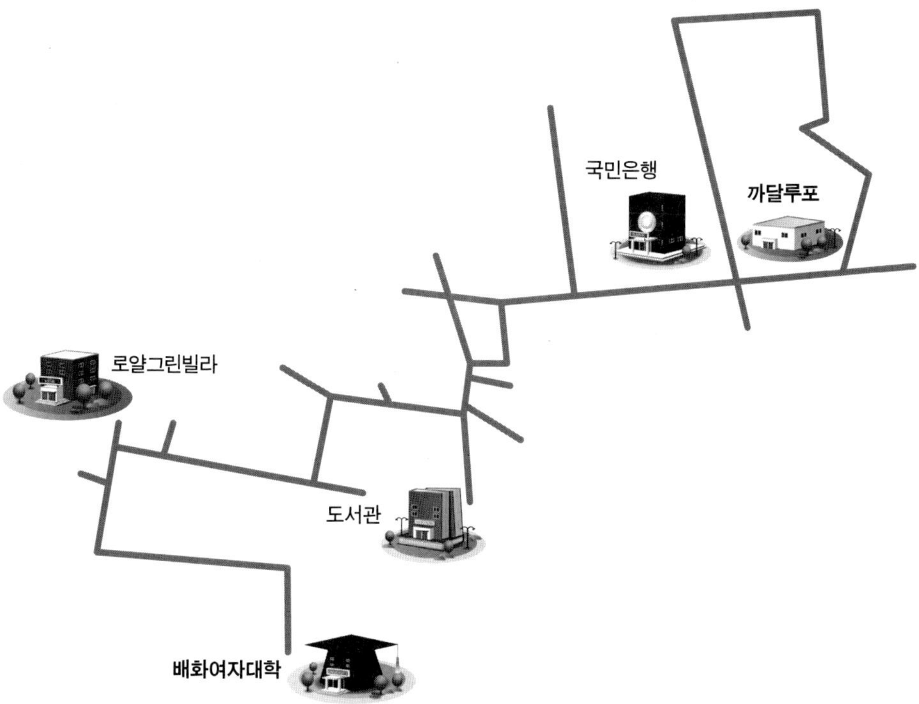

비유 : 수학문제

(1) **구하는 것 : 까달루포까지 가는 것 (목적지)**
(2) **주어진 사실들**
   - 시작점 : 배화여자대학 (초기값)
   - 조건 : 제한시간
(3) **찾아야 할 것 : 이동수단 및 루트**
   (자신의 문제해결능력으로 이동수단과 루트를 정한다. 그리고 순서 및 시간계획을 더해 나름의 플랜을 완성한다. 대부분의 쉬운 문제는 찾아야 할 것이 이미 정해져 있다.)
   → 여기서는 이동수단으로 도보를 가정한다.

타입A 접근방법 : 나름대로의 플랜을 가지고 혼자서 헤매면서 찾아봄

① 첫번째 시도 : 첫번째 게임에서 얻은 경험을 바탕으로 잘 찾아갔으나,

   마지막에 방향을 잘못잡아 조금 헤매다가 찾음

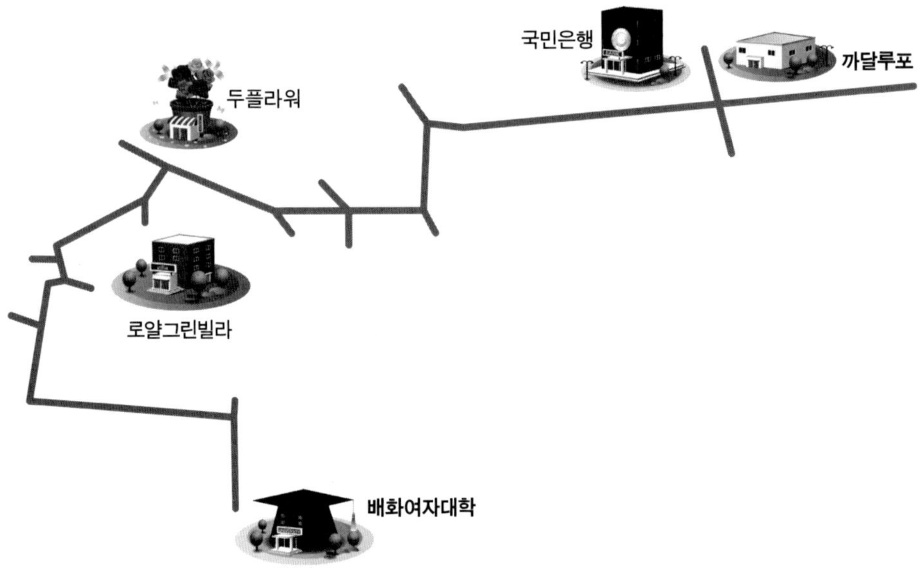

비유 : 수학문제

⑴ **구하는 것 : 까달루포까지 가는 것 (목적지)**
⑵ **주어진 사실들**
　- **시작점 : 배화여자대학 (초기값)**
　- **조건 : 제한시간**
⑶ **찾아야 할 것 : 이동수단 및 루트**
　**(자신의 문제해결능력으로 이동수단과 루트를 정한다. 그리고 순서 및 시간계획을 더해
　나름의 플랜을 완성한다. 대부분의 쉬운 문제는 찾아야 할 것이 이미 정해져 있다.)**
　→ 여기서는 이동수단으로 도보를 가정한다.

타입B 접근방법 : 아는 사람에게 물어본 후 알려준 길을 따라 찾아감

① **첫번째 시도 : 별다른 어려움 없이 주변을 둘러보며 바로 찾아감**

　　(고맙다고 인사를 함)

KM1_4_게임2(까달루포)_타입C

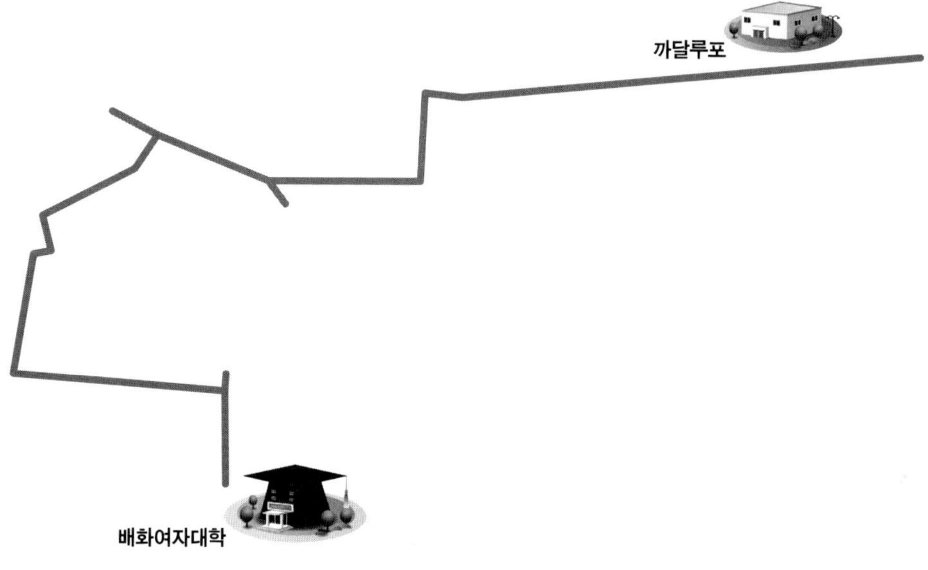

타입C 접근방법 :

위치를 아는 사람을 찾아 직접 데려다 달라고 함 (사례를 함)

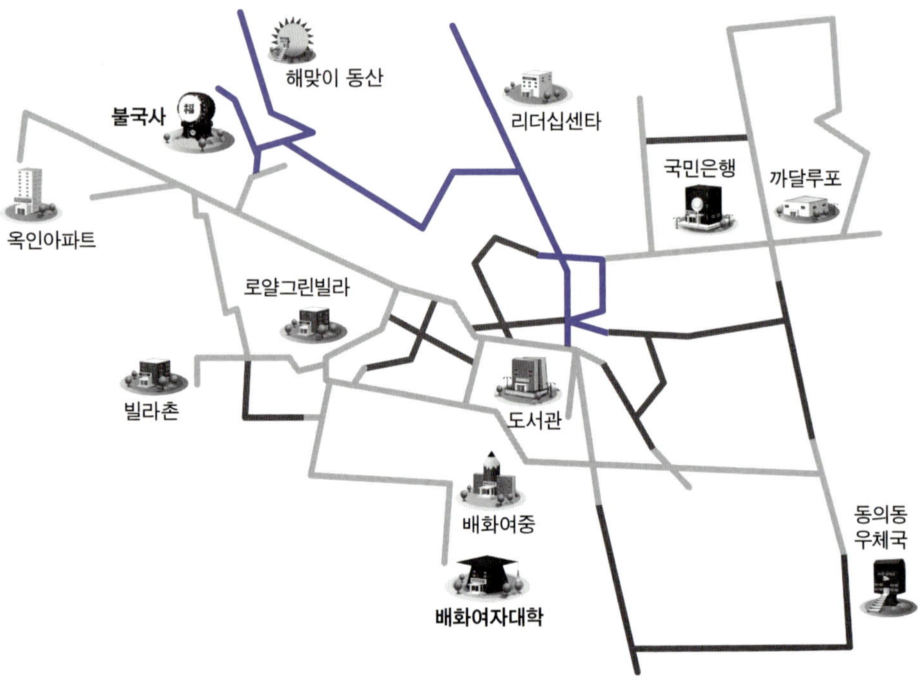

비유 : 수학문제 - 아는 사실들의 연결

① 남에게 설명해 줄 때
② 서술형문제의 증명을 할 때

짙은 회색부분:
첫 번째와 두 번째 게임 시에 밝혀진 곁가지 길들의 연결을 통해 전체적인 지도의 완성도를 높임
→ 지도 완성률: 80%

비록 게임에서 이기진 못했지만,

이 친구는 지도 이외에 무엇을 더 얻었을까요?

- 효과적으로 길을 찾는 방법

    → 각 갈림길에서 주어진 방향과 거리를 이용하여 가야 할 길을 선택하는 방법

- 문제해결능력 : 장애물이 있을 때 해결하는 방법

- 지도제작능력 및 스스로 할 수 있다는 자신감

KM1_4_게임1+2_타입B

비유 : 수학문제 - 아는 사실들의 연결

① 남에게 설명해 줄 때
② 서술형문제의 증명을 할 때

짙은 회색부분:
첫 번째와 두 번째 게임 시에 밝혀진 곁가지 길들의 연결을 통해 전체적인 지도의 완성도
를 높임
→ 밝혀신 내용이 적어시 상대적으로 연결이 쉽지 않음
→ 지도 완성률 : 20%

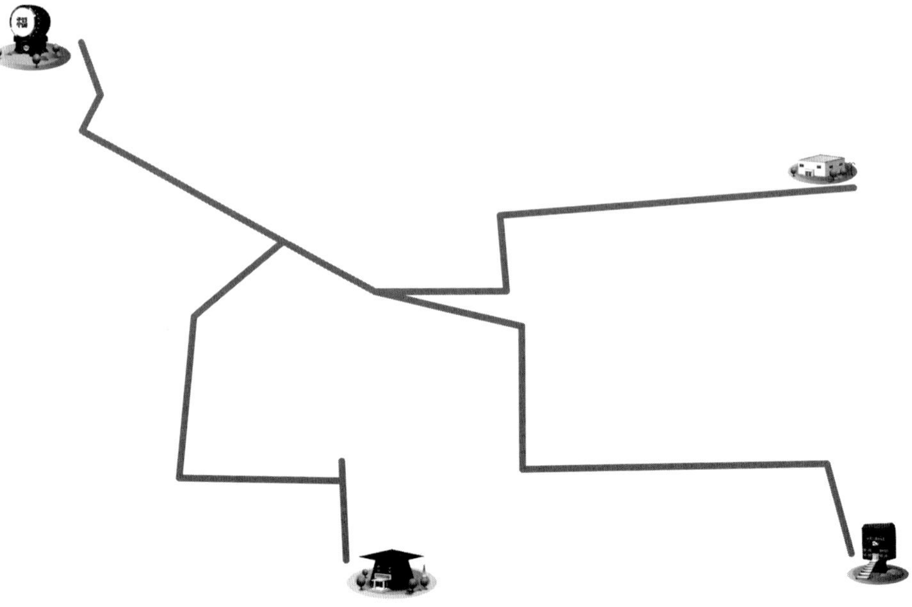

곁가지 길이 거의 없어 추가적인 길들의 연결을 도모하기 어렵다.

→ 지도 완성률: 5% 미만

정리 : 생각해 봅시다!

〈질문1〉 타입A 친구는 지도 이외에 무엇을 더 얻었을까요?

- 효과적으로 길을 찾는 방법 : 분석 및 판단능력

  ▶ 각 갈림길에서 주어진 방향과 거리 그리고 장애상황 등을 이용하여 가야

  할 길을 선택하는 방법

- 문제해결능력 : 예기치 못한 장애상황을 마주쳤을 때 해결하는 방법

- 지도제작능력 및 스스로 할 수 있다는 자신감

〈질문2〉

(1) 시합날, 여러분은 어떤 사람과 팀을 이루고 싶은가요?

  - 불국사 옆에 위치한 옥인아파트를 쉽게 찾아 갈 수 있는 사람은 과연 누구

  일까요?

  - 장애상황이 더해졌을 때, 그것을 보다 효과적으로 해결할 수 있는 사람은

  누구일까요?

(2) 자신의 미래를 준비하는 학생시절에 여러분이 목표로 삼아야 할 것은 무엇

  일까요?

  - 소 게임의 승리자 vs 지도를 살 수 있는 능력 vs 지도를 만드는 능력

(3) 어떻게 하면, 지도를 만드는 능력을 효과적으로 키울 수 있을까요?

  - 상대방의 입장에서 길(이론)의 설명 : 서로가 아는 길의 연결을 통해 전체적

  인 그림을 그린다.

  - 문제해결능력 훈련 : 실전 경험을 쌓는다 → 기존 길의 재확인 및 새로운 길

  의 모색

여러분은 위의 이야기에서 무엇을 느꼈습니까?

만약 여러분의 공부방법이 타입A와 같다면, 여러분은 올바른 방향에 서 있는 것입니다. 그러나 타입B 또는 타입C에 가깝다면, 여러분은 지금 잘못된 방향에 서 있기 때문에 공부한 만큼 실력이 쌓이는 느낌을 받지 못할 것입니다. 자 이제 방향을 전환합시다!

다음은 수학공부방법에 비유하여 내용을 정리한 것입니다.

비유 : 수학문제풀이 방법

타입C : 각 문제(유형)별로 푸는 방법을 외운다. 시험시, 외운 내용을 찾아 적용하려 한다.
- ▶ 처음에 접근하기 쉽다.
- ▶ 이론간의 연결을 통한 지식지도 형성이 잘 되지 않는다.
- ▶ 시간이 지나면 까먹는다.
- ▶ 공부는 지겹기만 하고, 왜 해야 하는 지 모른다.

타입B : 각 문제유형별로 문제를 풀어가는 주요 실마리에 대한 설명을 듣고, 문제를 푼다. 시험시, 약간의 변형을 시도하나 주로 유형별로 외운 내용을 적용하려 한다.
- ▶ 처음에 접근하기 쉽다.
- ▶ 지식지도 형성은 조금씩 이루어 지나, 효율적이지 못하다.
- ▶ 대표적인 문제유형을 설정하고 설명해 줄 수 있는 사람을 찾아야 한다.
- ▶ 새로운 유형에 대한 시도를 거의 하지 못한다. 또한 아는 유형에 대해서도, 변형이 많거나 난이도가 높아지면, 스스로 해결해 내지 못한다.

▶ 조금 낫지만, 늘고 있는 느낌이 적어 여전히 공부는 힘들고, 재미가 없다.

⇒ 주요 훈련 내용 : 대표 문제유형별 문제 풀이방법 적용 훈련

타입A : 주어진 상황을 분석하여, 스스로 적용 할 실마리를 찾고, 필요한 순서대로 문제를 푼다. 시험시, 유형이 아닌 난이도에 따라 쉬운 문제는 쉽게 풀고 어려운 문제는 어렵게 푼다.

▶ 처음에 접근하기 쉽지 않다. 그렇지만 기반학습능력이 쌓일수록 점점 쉬워진다.

▶ 지식지도 형성 효율이 높다. (다른 과목의 공부효율 또한 전반적으로 높아진다.)

▶ 새로운 문제에 대한 스스로의 도전을 쉽게 받아들인다.

▶ 노력만큼 효율적으로 자기주도학습능력이 높아진다 : 이론이해능력, 문제해결능력

⇒ 주요 훈련 내용 : 문제분석훈련, 실마리 찾기 훈련

수학공부는 과정학습입니다. 문제에 대한 답을 찾는 방법을 얻고자 하는 것이 아니라, 답을 찾아가는 과정을 통해서 문제해결을 위한 논리적인 사고력을 향상시키고자 하는 것입니다. 우리는 살아가면서 항상 선택의 순간에 직면하게 됩니다. 그 순간에 나에게 맞는 올바른 선택을 할 수 있도록, 학생시절에 필요한 능력을 갖추도록 노력해야 하는 것입니다.

수학공부를 통해 얻어야 할 것 :

- 능력 측면 : 문제해결능력(지식지도제작능력)

- 소재 측면 : 각 이론의 지식지도

그렇다면 타입A의 공부방법을 선택한다면, 누구나 잘 할 수 있는 것일까?

- 자기주도학습과 기반학습능력

❷ 공부의 주체는?

다른 관점에서 타입A, 타입B, 타입C 의 공부성향에 대해 이해해보자.

타입A의 성향 :

- 새로운 것에 도전하는 것을 좋아하고, 스스로 해결해 보려는 의지가 강하다.

- 스스로 해결하려고 하는 시도가 처음에는 덜 효과적이라는 것을 알지만, 그러한 경험이 쌓일수록 자 신이 점점 똑똑해 진다는 것을 느끼고 있다. 그리고 그것이 장기적으로 자신이 갖추어야 할 능력이라는 것을 알고 있다.

목표를 위해 필요한 주요 구성요소 및 상호관계를 이해하고 우선순위에 따라 전체를 조율할 줄 안다.

- 인생의 방향을 스스로 선택하려고 한다. 그리고 그것을 준비한다.

새로운 변화를 맞는 것을 두려워하지 않는다.

기득권에 큰 의미를 두지 않으려고 한다.

- 직업적으로는 엔지니어(설계자) 그리고 리더의 성향이 강하며, 다소 이상적이다.

타입B의 성향 :

- 나름 스스로 해결책을 모색해 보려는 욕심은 가지고 있으나, 어디서부터 시작해야 할지 막연할 경우, 누군가의 작은 도움을 받아 좀더 쉽게 가고 싶어한다.

- 성취경험이 적어, 스스로의 노력에 의한 진정한 대가를 느끼지 못한다.

- 직업적으로는 관리자(코디네이터)의 성향이 강하다. A와 C의 중간에 위치하여 서로의 연결자 역할을 한다.

타입C의 성향 :

- 눈에 보이는 현실이 우선이다. 골치 아픈 일로 머리 쓰고 싶어하지 않는다.

- 필요한 것이 있으면 사면 된다. 즉 돈을 잘 벌면 된다.

(대체능력을 갖추면 된다고 생각한다, 그렇지만 어떻게 대체능력을 갖출지는 깊이 생각지 않는다.)

- 결과지향적이다. 내가 할 수 있는 영역이 아니므로, 과정의 옳고 그름은 중요하게 생각할 수 없다.

- 인생의 방향은 스스로 선택하기 보다는 주어지는 쪽이다.

미래의 방향이 불확실한 만큼, 일단 주어진 기회는 놓치려고 하지 않는다.

기득권은 최대한 유지한다.

- 직업적으로는 영업 및 팔로워의 성향이 강하며, 무척 현실적이다.

성인이라면, 위의 성향의 구분은 별 문제가 되지 않을 수 있다. 각 타입의 특성에 따른 장단점이 존재하므로, 각자의 성향에 맞는 역할을 하면 될 것이고, 주어진 역할을 잘 못하였을 경우 그에 따른 책임을 지게 될 것이기 때문이다. 그렇지만 학생시절이라면 다른 이야기다. 성인이 되어 같이 일을 잘해 나가려면, 구성원들간 서로의 다른 특성을 잘 이해하고 그럼으로써 자신에게 맡겨진 현재의 역할을 잘 이해하고 받아들일 수 있어야만 한다. 그러기 위해서는 학생시절에 각 성향의 특성들을 경험해 보고, 각자의 입장들을 잘 이해할 수 있도록 해야 하는 것이다. 단순히 하기 싫어서, 열심히 해보지도 않고, 잘 안 맞는다고 결론을 내리는 것은, 스스로의 기회를 미리 포기하는 것과 같다. 열심히 해보지 않고서는 우리 자신이 어떤 특성을 가졌는지, 어떤 일을 잘할 수 있는지 알 수 없기 때문이다. 인간은 자신이 가진 능력의 10% 도 채 쓰지 못한다고 한다. 즉 그 말은 적절한 훈련을 통해서 자신의 능력을 최대한 계발시켜 나갈 수 있다는 것을 의미하므로, 우리 학생들은 자신은 어떻다고 미리 규정하고 포기할 필요가 없는 것이다. 또한 무엇보다 중요한 사실은 자신의 행동습관은 반복된다는 것이고, 어떤 일을 하든 결실은 노력한 만큼 나온다는 것이다. 학생시절에 우리는 결과 뿐만 아니라 자신에게 어떤 습관을 길들일 것인가를 더욱더 심각하게 고민해 보아야 한다.

이제 각 성향의 아이들에 대한 공부방법을 이해해 보자.

타입B와 타입C는 공부에 대해 피동적인 학습태도를 가지고 있다. 즉 공부는 선생님으로부터 배워야 하는 것으로 규정짓는다. 따라서 배워야 할 무엇에 초점을 맞추어, 그것을 습득하려고 한다.

반면에 타입A는 공부에 대해 능동적인 학습태도를 가지고 있다. 스스로 할 수 있다고 생각하고, 다만 현재 자신이 왜 잘못했는지를 찾아 부족한 부분을 매꾸려고 노력한다. 그리고 그것이 무엇인지를 찾아내고 어떻게 하면 효과적으로 개선시켜나갈 수 있는지를 배우려고 한다. 즉 타입C는 물고기에 관심이 있고 타입A는 물고기 잡는 법에 관심이 있는 것이다.

이제 수학수업시간에 각 아이들이 받아들이는 방식을 가지고 두 가지 차이점을 이해해 보자. 수업은 크게 이론수업과 그 이론에 관련된 문제풀이수업으로 구성되어 진다.

타입B와 C의 학생들은 이론수업시 새로운 이론의 내용 자체(What)에 초점을 맞추고 그것을 습득하려고 노력한다. 그리고 문제풀이 수업 시는 각 이론에 연관되어진 문제의 유형별 풀이방법을 익히려고 노력한다.

반면에 타입A의 학생들은 이론수업시 새로운 이론의 내용이 어떻게 도출되었는지(Why)를 이해하려고 노력하고, 그 과정을 통해서 자연스럽게 이론의 내용이 습득되도록 한다. 그리고 문제풀이는 새로운 이론이 추가된 장에서 주어진 조건들을 이해하고, 그것들을 이용하여 실마리(솔루션)를 찾아가는 논리적인 사고의 과정을 통해서 문제를 해결해 나가려고 한다. 그러한 과정의 훈련을 통해 자연스럽게 자신의 문제해결능력을 높여가려고 노력하는 것이다.

아래의 표는 두 가지 타입의 공부방법의 장단점 비교를 통해 보다 쉽게 그 차이를 이해할 수 있도록 정리한 것이다.

공부방법 비교

A : 목표 = 문제해결능력 향상 (기반능력 확보를 통해 자연스런 결실의 추구)	
+	-
◇ 훈련을 통해 점차 똑똑해 질 수 있다.	◇ 일관성/효율성을 위한 훈련체계가 필요 하다.
◇ 단계가 오를수록 공부효율이 높아진다.	◇ 일정한 공부습관이 들 때까지 시간과 인내를 필요로 한다.
◇ 자기주도학습이 가능해진다.	◇ 집중적인 사고훈련이 필요하다.
◇ 공부가 갈수록 쉬워지고 재밌어진다.	- 사고의 근육형성

A

Why-이론학습	Why-문제해결과정학습	집중사고훈련
- 이론의 연결 → 자연스러운 암기	- 논리적 사고과정 중 무엇을 잘못했는지, 그리고 왜 그러한 현상이 발생했는지 알려준다.	- 체득화: 사고의 근육

B

What-이론학습	What-유형별문제풀이학습	유형숙지훈련
- 인위적인 공식의 암기	- 문제 유형별 풀이방법을 알려준다. 틀린 이유를 깨닫는 것은 각자의 몫이다.	- 체득화: 유형의 암기

B : 목표 = 시험성적 향상 (직접적인 결실의 추구)

+	-
◇ 처음에 실행하기가 쉽다. ◇ 난이도가 낮을 경우, (초등학교) 노력이상으로 좋은 결과(성적)를 기대할 수 있다	◇ 교육체계를 통해 직접적인 문제해결 능력 향상을 기대하기 어렵다 ◇ 난이도가 높아지면, 유형이 기하급수적으로 많아져, 노력의 한계에 직면한다. ◇ 공부가 갈수록 힘들고 지겨워진다. ◇ 현재 형성된 습관으로 다른 공부도 비효율적으로 한다.

아래의 그래프는

타입A는 시간이 지날 수록 꾸준한 문제해결능력향상을 기대할 수 있지만,

타입B는 1단계를 채 넘지 못한다는 것을 보여주고 있다. 소위 SKY대학에 갈 수 있을 정도의 공부의 효율성을 갖추기 위해서는 문제해결능력이 최소 2단계 이상을 갖추어야 함을 상기한다면, 어떻게 공부해야 함은 자명한 사실이다.

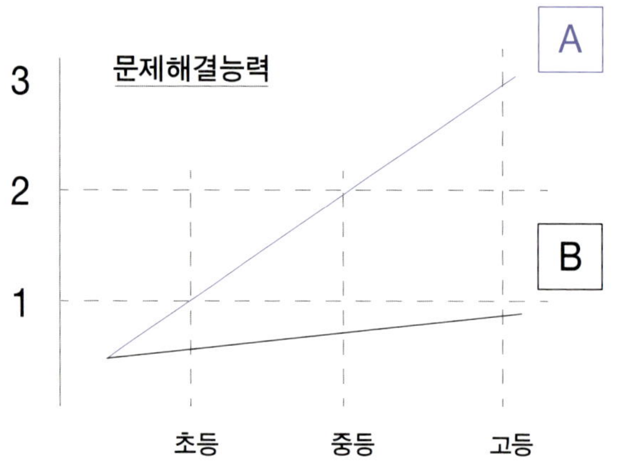

그렇다면 타입A의 공부방법을 선택한다면, 누구나 잘 할 수 있는 것일까?

그것은 단지 올바른 공부의 방향을 결정한 것일 뿐이다. 즉 노력에 따른 효과적인 결과를 기대할 수 있다는 것을 의미한다. 그런데 방향이 결정되면, 스스로 열심히 노

력하는 퍼센트는 얼마나 될까? 여기에 행위의 통계지표로서 유명한 이론인 파레토 법칙을 인용한다면 약 20%를 넘지 않을 것으로 예상할 수 있다. 즉 나머지 80%는 뭔가 도움을 필요로 한다. 그럼 이제 두 번째 고민을 해 보자.

03

습관의 형성과 동기 : 어떻게 하면 보다 꾸준히 노력할 수 있을까?

이 질문을 역으로 생각해 보자. 사람들은 왜 열심히 노력하지 못하는 걸까?

첫 번째, 꾸준히 땀 흘릴 때까지 열심히 노력한다는 것은 힘든 일이니까?

　　그리고 그 시간에 놀고 싶은 다른 욕구가 더 강해 유혹을 못 이겨서……

두 번째, 왜 힘든 과정을 이겨내면서까지, 굳이 공부를 해야 하는지 몰라서…

　　그러한 동기가 나에게는 부족해서……

　　그리고 공부를 잘 못해도 살아갈 수 있을 것 같아서……

세 번째, 마음은 있지만 노력해도 잘 안되니까?

네 번째, 정말 시간이 없어서……

나는 어디에 해당 되는 것일까? 각각에 대해서 우리가 할 수 있는 방법을 찾아보자. 그것이 우리를 앞으로 나아갈 실마리를 제공해 줄 것이다. 시작을 첫 번째 스텝부터……

첫 번째 질문 : 꾸준히 땀 흘릴 때까지 열심히 노력한다는 것은 힘든 일이니까?

그리고 그 시간에 놀고 싶은 다른 욕구가 더 강해 유혹을 못 이겨

서……

⇒ 선택과 책임의식의 고취 :

선택을 잘못할 수도 있다. 그러나 그 결과에 대한 책임을 질 수 있어야 한다.

이러한 자세를 갖고 노력해 나간다면, 자연스럽게 유혹을 이겨내는 경우가 점

점 높아질 것이다.

두 번째 질문 : 왜 힘든 과정을 이겨내면서까지, 굳이 공부를 해야 하는지 몰라

서……

그러한 동기가 나에게는 부족해서……

그리고 공부를 잘 못해도 살아갈 수 있을 것 같아서……

⇒ 수학공부를 왜 하야 하는 것일까?

대학을 가기 위해서

▶ 이러한 대답이라면, 나는 (좋은)대학 안 갈 거니까 (조금)공부 못해도 괜찮

아…… 라고 대답할 수도 있을 것이다.

이것은 수단이 목적으로 전용된 꼴이다. 대학은 내가 하고 싶은 일을 하기 위

한 효과적인 중간 과정으로서의 목표일 뿐이지, 그 자체가 목적이 될 수 없다.

그런데 수학공부가 뭔가 갖고 싶은 능력을 쌓기 위한 가장 좋은 방법이라면

어떨까? 예를 들어

스스로 책임져야 하는 선택의 순간에 올바른 선택을 할 수 있는 능력을 키우

고 싶어서……

▶ 이러한 대답이라면, 대부분 필요하다고 느낄 것이다. 그런데 정말 그러한 능력이 있는 것인지 그리고 그것이 훈련을 통해 향상될 수 있는 것이지 우선 궁금해 할 것이다.

이것에 대한 이해를 돕기 위해서, 여러분 각자 한가지 선택의 상황을 가정해 보자. 그리고 보통 여러분이 어떻게 행동하고 있는지 생각해 보자. 크게 다음의 3가지 행동패턴으로 분류해 볼 수 있다.
① 항상 하던 대로 한다. 또는 예전에 했던 유사한 경험에 따라 행동한다.
- 잘못되면 상황을 탓한다. 그리고 예기치 못한 상황 때문이라고 변명을 한다.
② 다른 사람들이 어떻게 하는지 본다. 또는 어떻게 해야 하는지 물어본다.
- 잘못되면 가르쳐준 사람을 탓한다. 재수가 없었다고 생각한다.
③ 매 순간 주어진 상황에 맞는 최적의 방법을 찾으려고 한다.
- 잘못되면, 왜 잘못된 판단을 하였는지 원인을 찾고, 다음 번에는 실수하지 않도록 자신의 행동에 개선을 꾀한다.

여러분 또는 여러분의 가까운 사람들은 어떻게 행동하는 지 생각해 보자.
만약 ① 또는 ②에 해당한다면 왜 그들이 그러한 행동패턴을 가지게 되었는지 생각해 보자. 그리고 여러분은 어떤 행동패턴을 가지고 싶은지 생각해 보자. 또한 그들이 올바른 훈련을 해왔다면 ③의 행동방식을 가질 수 있었겠는지 생각해 보자.

수학공부는 ③의 행동방식에 해당하는 논리적인 사고력을 훈련하기 위한 가장 좋은 방법이라 할 수 있다. 올바르게 꾸준히 훈련한다면, 누구든 똑똑하다고 인정받을 수 있을 정도로 일정수준이상까지 향상시킬 수 있다. 그것이 수학공부를 열심히 해야 하는 이유이다.
- 논리적인 사고력 : 논리적인 사고방법의 인지와 사고의 근육

세 번째 질문 : 마음은 있지만 노력해도 잘 안되니까?

⇒ 가능한 이유들 :

　① 처음부터 방향이 틀려서 : 올바르게 공부하는 방법을 배운다.

　② 효과적으로 노력하는 방법을 몰라서 : 근육이 생성되는 원리를 이해한다.

　③ Progress를 느낄 수 없어서 :

　　- 공부를 하면 할 수록 자신이 점점 똑똑해 지고 있다고 느낄 수 있어야 한다.

　　　→ 새롭게 바뀐 사고 기준에 의한 실천 :

　　　행동의 변화를 통해서 보다 나은 결과를 이끌어 낼 수 있어야 한다.

　　- 노력하는 만큼 쌓이고 있다는 것을 느낄 수 있어야 한다.

　　　→ 효과적인 노력의 결과 관리 : 노력한 내용에 대한 매듭짓기

　　- 노력해도 끝이 보이지 않으면 중도에 포기하기 쉽다.

　　　어느 정도 노력을 해야 비로서 변화의 결과를 만들어 낼 수 있는가

　　　→ 1차 결실까지의 노력(투자)의 기간 및 양에 대한 기대수준의 경험·관리 :

　　　성취경험을 통한 노력의 기대수준 및 자신도 할 수 있다는 자신감 확보가

　　　필요하다.

네 번째 질문 : 정말 시간이 없어서……

⇒ 내가 하고 있는 일들에 대하여, 목표기준 필요한 일들의 우선순위를 정리하고,
　제한 사항에 기반하여 취사선택을 한다.

　지금까지 알아본 것이 모든 사람의 고민을 해결해 주지는 못할 것이다. 그러나
이것이 교두보가 되어, 앞으로 보다 많은 연구를 통해, 많은 학생들에게 도움
을 줄 수 있게 되기를 기대해 본다.

04

학생시절 기반학습능력 형성의 의미

지금까지 인류의 과학발전을 살펴보면, 크게 두 번의 커다란 도약기를 가졌다고 볼 수 있다. 그 첫 번째는 유클리드 방법론의 출현이며, 두 번째는 미적분학의 발견이다.

첫 번째 도약의 중심인물은 BC 4세기말의 그리스학자 유클리드이다. 그 이전까지 인류는 수 만년 동안 각각의 장소에서 개별적인 경험과 지식들을 쌓아 오고 있었다. 그러나 그러한 지식들이 통합되어 새로운 단계로 발전하기에는 서로가 가진 기반과 경험이 너무 달랐기 때문에 각자의 지식을 인정하고 받아들여 새로운 단계로 발전시키기에는 많은 어려움을 가지고 있었다. BC 6세기에 이르러 그리스학자들을 중심으로 논리적인 사고체계가 정립되기 시작하면서, 비로서 세계의 지식들을 정제하고 통합해 나가기 위한 하나의 전환기를 맞이 하게 된다. 유클리드는 플라톤의 수학론에 기초하여 발전된 (피타고라스(/석가모니/공자)〉소크라테스〉플라톤〉아리스토텔레스(/맹자)〉유클리드)"기하학 원론"책을 통해서 하나의 사실을 공증하기 위해서 필요한 절차로서, 논리적인 사고에 기반하여 "정의〉공리〉정리〉현상"에 이르는 누구나 인정할 수 밖에 없는 증명체계를 세우고 그것을 보편화시켰다.

 - 이러한 증명체계하에서의 각 과정은 주어진 사실들만을 이용하여 새로운 사실을 이끌어 내는 논리적인 사고에 기반한 문제해결능력을 필요로 한다.

이것이 중요한 이유는 그럼으로 해서 그때까지 산재되어 각각의 이질적인 체계하에서 발전되어 왔던 개별적인 지식들을 하나의 일관된 논리적인 증명체계를 가지고 재구성할 수 있게 함으로써 전체의 지식으로 통합하여 공유될 수 있는 기틀을 마련했다는 것이다. 즉 이때서야 비로서 세계의 지식들이 본격적으로 서로 통합하여 쌓여 나갈 수 있는 범용적인 사고체계의 기반이 만들어 졌다는 것이다.

두 번째 도약의 중심인물은 AD 17세기의 독일수학자 라이프니찌와 영국수학자 뉴턴입니다.

라이프니찌·뉴턴 이전까지의 과학의 발전은 실제 생활에 직접적으로 응용하기에는 다소 거리가 있는, 학자들만을 위한 순수학문적 성격이 강한 것이라 할 수 있었다. 그것은 그 이전까지는 순간순간 변하는 자연현상을 설명할 수 있는 방법이 없었기 때문이었다. 미분의 발견은 그것을 가능하게 함으로써, 그 이후로 실제 응용 과학의 비약적인 발전을 가져오게 되었다.

정리히면, 수 만년 동안 각지에 산재되어 쌓여 온 인류의 경험과 지식은 유클리드 시기에 이르러 비로서 본격적으로 연관성을 가지고 쌓일 수 있는 토대를 갖추게 되었고, 그 이후 2,000년 동안 채곡 채곡 쌓이고 정리되어, 라이프니찌·뉴턴 시기에 이르러서야 실 생활에 응용할 수 있는 전기를 마련하게 되었던 것이다. 그리고 그 이후 300년 동안 우리 인류는 우주를 여행할 수 있을 정도로 비약적인 발전을 이루게 되었다.

즉 인류의 발전과정을 한 사람의 인생에 비유하면,

인류의 역사에서 유클리드 방법론이 밖으로 나오기까지의 시기는 한 사람이 고등학교 시절까지 반드시 갖춰야 할 논리적인 사고력과 상응하는 문제해결능력의 기틀을 완성하는 시기라 볼 수 있다. 즉 그럼으로 해서 생활을 통해 얻어지는 개인의 노력과 경험이 비로서 연관관계를 가지며 체계적으로 쌓여 나갈 수 있도록 기틀을 갖추게 되는 것을 의미한다. 그리고

유클리드 이후 미적분학이 세상에 나오기까지의 시기는 한 사람이 학생시절에 만들어진 논리적인 사고의 틀 기반 하에서 쌓여진 개인의 경험과 지식이 실제 생활의 발전에 응용될 수 있을 정도로 노하우가 정립되는 시기라 볼 수 있을 것이다. 대학과정으로 비유한다면 대학교 학부과정이 이에 해당될 것이고, 일찍 사회생활을 시작한다면 본격적인 도약을 위한 준비·경험의 시기가 될 것이다. 그리고

미적분학이 세상에 나온 이후의 시기는 어떤 이에게는 대학과정으로서 석사과정 이후의 생활과 밀접한 심도 있는 전공과정이 될 것이고, 다른 이에게는 본격적인 사회생활의 시기가 될 것이다.

지금까지 역사의 발전과정과의 비유를 통해, 우리가 원하는 삶을 제대로 살기 위해서는, 왜 학생시절에 그것을 가능하게 할 기반능력으로써 논리적인 사고력·문제해결능력을 체계적으로 키워야 하는 지 살펴보았다. 만약 학생시절에 단순히 개별적인 이론 및 문제풀이방법을 외우는 방식으로 공부한다면, 본격적인 사회생활을 하기 위해 필요한 기반능력이 쌓이는 것을 기대하기 어렵게 될 것이다.

훌륭한 사람들이 이루어낸 업적은 누구에게 배워서 만들어 진 것이 아닙니다. 뉴턴, 아벨, 갈루아와 같은 과거의 몇몇 뛰어난 학자들은 20대를 전후하여 그들의 주요 업적을 이루어 내었습니다. 그 짧은 시간에 그 많은 것들을 남들을 통해 배울 수

는 없는 것입니다. 즉 그들은 결국 처음의 배움을 통해 스스로 생각하고 발전시키는 법을 터득했고, 그것을 기반으로 자신의 노력을 통해 그들의 위대한 업적을 이루어 냈던 것입니다. 즉 기반학습을 통해 자기주도학습능력을 갖추게 되고, 그것을 통해 그들이 원하는 일을 해 나갈 수 있게 된 것입니다.

학생들이 배워야 할 것은 수 많은 공식과 시험문제를 푸는 방법이 아닙니다. 미래의 주어진 상황에서 올바른 선택과 실천을 하기 위하여 그리고 스스로 생각하고 발전시켜 나갈 수 있도록, 공부를 통해 똑바로 생각하는 방법을 배우고 터득하는 것입니다. 즉 이론을 공부하고 문제를 푸는 것 그 자체가 목적이 아니고, 그 과정을 통해 자신의 사고과정을 점검하고, 개선시켜 나감으로써 자신의 문제해결능력 수준을 한 단계씩 레벨업시켜 나가는 것입니다. 다른 말로 정리하면 자기주도학습능력을 키우는 것이고, 쉽게 말하면 똑똑해 지는 것입니다.
자신의 문제해결능력 수준이 높을 수록 여러분의 꿈은 점점 가까워질 것입니다.
- 문제해결능력 : 논리적인 사고력의 실제 활용능력

한마디로 정리해보면,
"공부란 똑바로 생각하는 방법을 연습하는 것이다. 그리고 훌륭한 사람은 똑바로 생각하고 그것을 실천하는 사람이다." 라고 할 수 있습니다.

나는 올바른 방향에 서 있을까요?
지금 우리는 무엇을 해야 할까요?
스펙을 쌓아야 할까요? 어떻게든 특정학교에 들어가야 할까요?

이정표와 목적을 구분해야 합니다. 이정표는 목적을 달성하기 위한 중간 지표일 뿐입니다. 목표를 위해서 우리가 해야 할 행동 방향은 분명합니다.

이정표는 그러한 방향으로 행동을 함으로써 달성해 나가야 하는 것입니다.

이정표 달성 자체를 위해서 우리의 행동방향이 달라 지는 것은 무의미하게 될 것입니다.

혹시 우리는 그러한 우를 범하고 있지는 않을까요?

시험 또한 우리가 올바른 방향으로 행동을 잘 하고 있는지 평가하기 위한 것입니다.

시험성적 자체를 위해서 우리의 행동방향이 달라진다면, 그 시험은 무의미해져 버립니다.

혹시 우리는 그러한 우를 범하고 있지는 않을까요?

05

문제해결능력 수준에 따른 공부의 효율의 변화

이번 주제의 직접적인 언급에 앞서, 아이들이 새로운 사실(이론)을 받아들일 때 어떻게 행동하는지 살펴봄으로써 이야기의 물꼬를 터보자.

아이들은 새로운 사실을 받아들일 때 어떻게 행동할까?

Type 1 : 우선 새로운 사실을 자신이 알고 있는 패턴에 준하여 이해해 보려고 한다. 그러한 과정은 유사 패턴의 탐색과 적용이라 할 수 있다. 그런데 이해가 잘 안 갈 경우, 어렵다는 생각이 강하여 이해를 위한 좀더 깊이 있는 사고를 스스로 방해하곤 한다. 그리고 새로운 사실을 받아들이기 위해서 새로운 유형을 추가하거나 기존 유형에 인위적으로 끼워 맞추려고 할 것이다.

Type 2 : 우선 새로운 사실이 논리적으로 문제가 없는지 이해해 보려고 한다. 비록 이해가 잘 안 가더라도 무엇을 잘 못 생각하고 있는지 좀더 논리적으로 생각해 보려고 시도한다. 그리고 이해가 되었을 경우, 그 내용을 자신의 현재 지식지도에서 찾고, 필요한 경우 추가 또는 변경하며 이해가 안되었을 경우, 다음의 시도를 위해 보류상태로 잠시 놓아두게 될 것이다.

우리 아이는 어떤 타입에 가까울까 그리고 어떤 모습이어야 할까 한번 진지하게 생각해보자. 우리 어른들 조차도 특정한 선입견을 가지고 어떤 사실을 접한다면 Type 1의 범주에 들게 있어, 주어진 사실과 주변의 상호 관계를 제대로 인식하지 못하고 잘못된 판단을 내릴 때가 많이 있음을 느낄 것이다. 그럴 때 우리는 좀더 냉철하게 또는 이성적으로 행동할 걸 하고 후회하곤 한다.

다음은 이러한 내용을 정리하여 형상화해 본 것이다.

새로운 어떤 사실을 받아들일 때
- 사고의 순서가 중요 : 알고 있는 유형들을 찾기에 앞서, 먼저 논리적인 사고를 통해 접근하라.

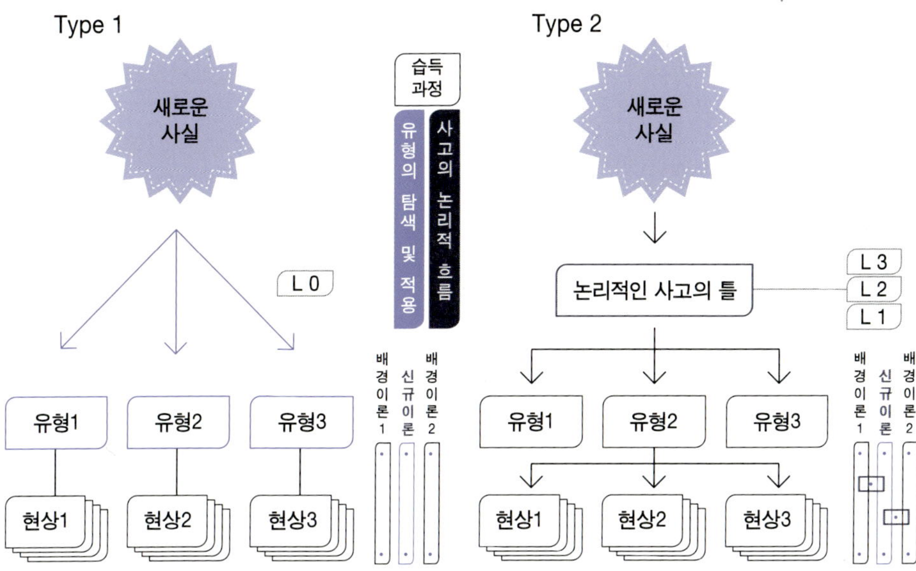

아이들은 새로운 사실을 접할 때, 우선 자기가 가지고 있는 틀에 맞추어 보려고 한다. 그래서 잘 안 맞으면 쉽게 이해를 하지 못한다. 그리고 그것을 받아들이기 위해서 새로운 유형을 만들어 내곤 한다.

만약 대부분의 것을 수용할 수 있는 기본적인 큰 틀이 있다면 어떨까?

보다 쉽게 새로운 사실을 받아들일 수 있을 것이다. 그리고 일단 수용할 수 있다면, 그것을 받아들이고 난 후, 자신의 체계 속에서 분류해서 담으려 할 것이다.

이 기본적인 큰 틀이 논리적인 사고의 틀이 되어야 하고, 그것을 갖출 수 있도록 아이들을 훈련시켜야 한다.

Type 2 행동의 첫 번째 창구가 되는 논리적 사고의 틀에 해당하는 사고의 깊이는 논리적 사고능력을 가늠하는 문제해결능력 단계에 따라 달라 진다. 그리고 그 깊이에 따라 머리 속에 각인되는 정보의 형태 또한 달라질 것이다.

이제 문제해결능력 단계에 따라 그 내용이 어떻게 달라지는지 구체적으로 알아보면서 공부효율과의 상관관계를 파악해보자.

문제해결능력과 공부 효율의 상관관계

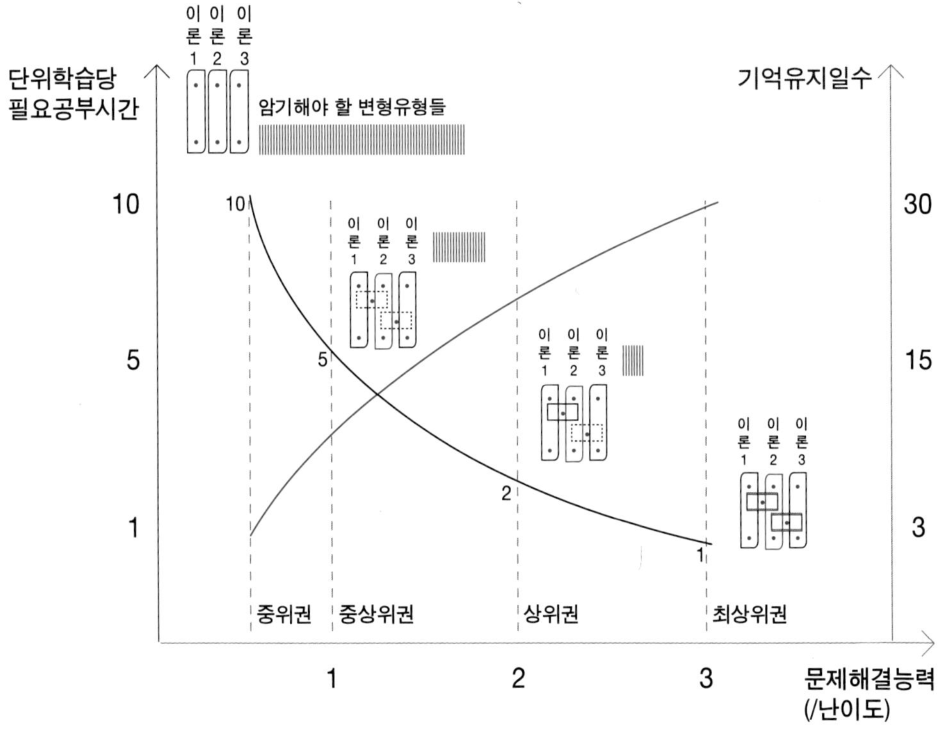

실질적인 문제해결능력 단계는 난이도별 문제의 지속적인 풀이결과를 가지고 보다 정확하게 측정될 수 있지만, 좀더 직관적인 이해를 돕기 위하여 위의 상관관계에 대한 설명은 이론이해의 완성도수준을 기준으로 진행할 것이다. 이렇게 할 수 있는

이유는 외면적으로는 문제해결능력단계가 올라감에 따라 이론의 이해능력 또한 같이 올라가기 때문이며, 내면적으로는 문제해결을 위한 논리적 사고의 과정이 이론의 이해를 위한 논리적 사고의 과정과 일련의 맥을 같이하기 때문이다. 즉 하나의 이론에 대한 설명과정은 해당 이론을 증명하는 문제풀이과정과 같다고 할 수 있다. (본문의 표준이론학습과정 참조)

많은 아이들은 새로운 이론이 나오면 그것을 선생님으로부터 배워야 한다고 생각한다. 그런데 새로운 이론이란 하늘에서 갑자기 뚝 떨어진 것이 아니라, 기존 이론들을 배경으로 어떤 조합을 통해 유용한 사실을 발견해 낸 것이라 볼 수 있다. 즉 자신이 비록 창의적인 사고력을 가지고 그러한 조합을 만들어 내진 못하더라도, 논리적인 사고력을 갖추었다면 만들어진 조합을 이해할 수는 있는 것이다. 그러므로 새로운 이론의 설명을 읽고 그 내용을 이해하지 못한다면, 그것은 배경이론을 잘 모르거나 논리적인 사고의 과정에 문제가 있다는 것을 뜻한다. 따라서 이론수업의 방향은 그러한 부분을 찾아내어 아이가 인지하도록 한 후, 필요한 클리닉을 수행하여, 일차적으로는 새로운 이론에 대한 올바른 이해를 도모해야 할 것이고 이차적으로는 아이의 이론에 대한 자기주도학습능력을 키워야 한다.

그럼 이론에 대한 이해를 가장 잘 한 아이와 그렇지 못한 아이와는 어떤 차이가 있을까?

우선 이론에 대한 이해가 가장 높은 아이는 어떤 상태일까?

아래 그림-1의 모습과 같이 신규이론과 배경이론의 연결고리를 정확히 이해하고 있는 상태이다. 이것은 마치 새로운 길이 기존에 알고 있는 길들과 연결되어 하나의 부분지도를 이루고 있는 모습이다.

반대로 이론에 대한 이해가 가장 낮은 아이는 어떤 상태일까?

아래 그림-2의 모습과 같이 신규이론을 그냥 외워서 배경이론과 독립적으로 존재하는 상태이다. 이것은 마치 네비게이션에 의존하여 새로운 길을 갈 경우, 설사 예전에 갔었던 길과 교차하여 가더라도 그 사실을 인지하지 못하고, 전체 경로가 단지 하나의 길에 지나지 않는 것과 같다.

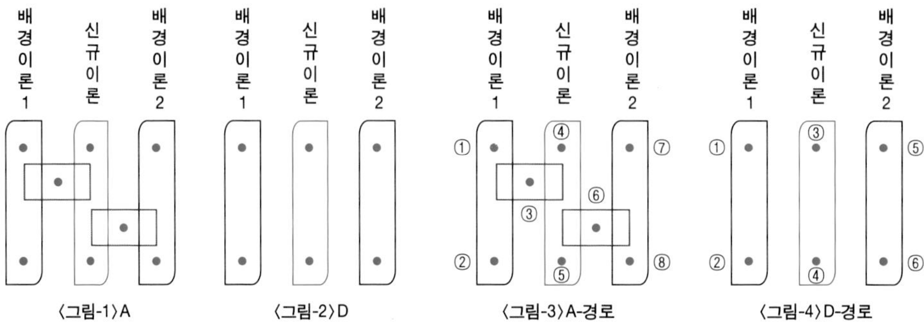

〈그림-1〉A   〈그림-2〉D   〈그림-3〉A-경로   〈그림-4〉D-경로

그럼 두 아이에 있어 변화에 대한 응용력에 어떤 차이가 있을까?

이 것을 비교하기 위해서 두 상태에 연관된 부분지도를 기준으로, 만들 수 있는 모든 경로의 수를 알아보자.

이제 그림-3/4와 같이 각 지점에 번호를 매겨보자. 그리고 연속된 두 지점 이상을 연결하여 만들 수 있는 모든 경로의 수를 계산해보면,

- 그림-3 A 경우는 1→3, 1→3→4, 1→3→5, 1→3→6, 1→3→6→7, 4→3, 4→3→1, 7→6, 7→6→3 등 100가지를 넘게 되지만,

- 그림-4 D 경우는 1→2, 2→1, 3→4, 4→3, 5→6, 6→5 총 6가지밖에 되지 않음을 알 수 있다.

이는 해당이론을 이용하여 낼 수 있는 모든 문제들의 총 수로도 볼 수 있다. D처럼 신규이론 하나를 단순히 암기하는데 10분이 걸리고, A처럼 신규이론을 이해하는데 1시간이 걸린다고 가정하면,

D가 A 만큼의 응용능력을 가질 려면, 단순계산으로도 약 10시간이상 ($10 \times 100 = 1,000$분 〉 10시간)의 시간투자가 필요함을 알 수 있다. 게다가 단순히 어떤 사실을 외

운 것에 비해 관련된 사실들을 서로 연결하여 기억할 경우, 기억유지력이 10배 이상 됨을 상기할 때, 어떤 방식으로 이론 공부를 해야 함은 너무도 자명하다.

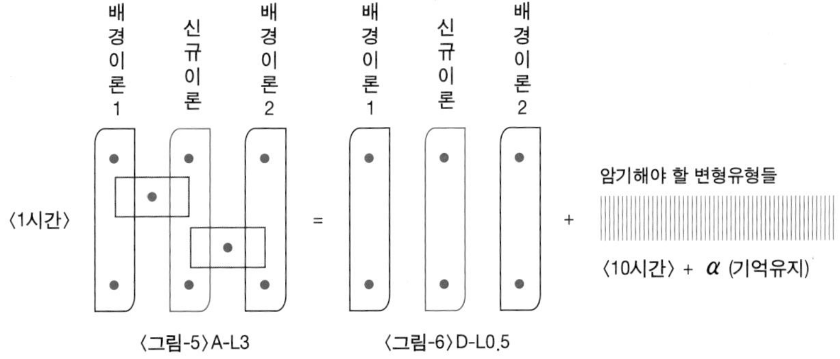

〈그림-5〉A-L3　　〈그림-6〉D-L0.5

아래는 같은 맥락에서 Level 1 과 Level 2의 문제해결능력 단계에 있는 상황을 묘사하였다.

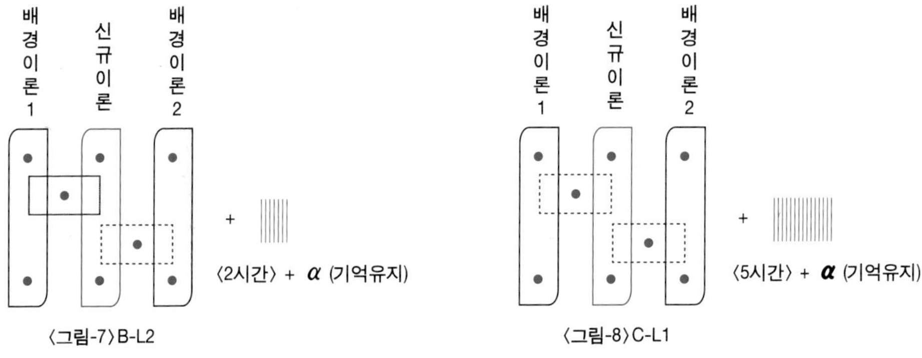

〈그림-7〉B-L2　　〈그림-8〉C-L1

참고로 Level 1은 초등학생, Level 2는 중학생, Level 3는 고등학생에게 요구되어지는 최고 수준이라 할 수 있다.

유의할 점은 이론을 완벽하게 이해했다 하더라도 모든 문제를 풀 수 있다는 것은 아니다. 이는 지도의 모든 내용을 알더라도 시시각각으로 변하는 도로의 상황을 정확히 반영하지 못한다면, 제 시간 내에 원하는 장소에 갈 수 없는 것과 같은 이치이다. 즉 문제를 풀기 위해서는 소재가 되는 이론을 정확히 알아야 함은 물론이고, 주어진 상황에 따라 적절한 솔루션을 찾고 실행하는 논리적인 사고력(문제해결능력)을 갖추어야 함을 뜻한다. 다만 위의 설명의 근거는 각 단계의 이론이해능력을 갖추려면 상응하는 문제해결능력을 필요로 한다는 것이다.

02

어떻게
공부해야 하는가?

자기주도학습체계

1. 자기주도학습을 위한 3대 능력

❶ 이론이해능력 : 지식지도의 완성

역사상 가장 위대한 수학책이라 불리는 유클리드(Euclid)의 《원론(Elements)》은 앞서 언급되었던 것처럼 철학, 과학 등 각종 학문들뿐만 아니라 현대의 우리 사고방식에도 큰 영향을 주었다.

모두 13권으로 구성된 《원론》은 5개의 공리와 5개의 공준으로 시작한다. 여기서 공리는 증명이 필요 없는 자명한 명제, 진리로 인정되며, 다른 명제를 증명하는 데 대전제가 되는 원리를 의미한다. 그리고 공준은 기하학에 관련된 공리라고 할 수 있다.

〈유클리드 5공리〉

□ 공리1: 동일한 것에 같은 것은 서로 같다. (a = b, a = c → b = c)

□ 공리2: 같은 것에 서로 같은 것을 더하면 서로 같다.

　　　　(a = a', b = b' → a + b = a' + b')

□ 공리3: 같은 것에 서로 같은 것을 빼면 서로 같다.

　　　　(a = a', b = b' → a - b = a' - b')

□ 공리4: 서로 포갤 수 있는 것은 같다.

□ 공리5: 전체는 부분보다 크다.

〈유클리드 5공준〉

□ 공준1: 임의의 점에서 임의의 점으로 한 직선을 그을 수 있다.

　- 두 점을 지나는 직선은 한 개뿐이다.

□ 공준2: 유한 직선은 그 양쪽으로 계속 직선으로 연장할 수 있다.

□ 공준3: 임의의 점에서 임의의 반지름을 갖는 원을 그릴 수 있다.

□ 공준4: 모든 직각은 서로 같다.

□ 공준5: 두 직선이 하나의 직선과 만날 때 같은 쪽에 있는 두 내각의 합이 180도
보다 작으면, 두 직선을 무한 연장했을 때 반드시 그 쪽에서 만난다.

　- 직선 밖의 한 점을 지나 이 직선에 평행하는 직선은 오직 하나뿐이다.

《원론》은 이같은 공리와 공준을 토대로 해 465개의 명제를 증명해 낸다. 물론 명제들을 증명하기 위해서 점, 선, 면과 같이 기초적인 개념에 대한 정의가 각 권에 선행되기는 하지만, 이 정의들을 제외한다면 결국 10개의 전제를 토대로 465개나 되는 명제를 증명하는 내용을 포함하고 있다.

이러한 증명체계를 토대로 이후 수 많은 새로운 정리들이 도출되었고, 그것이 발전하여 자연현상까지 정확하게 밝혀냄으로써 이 세상의 과학이 빈틈없이 발전해 온

것이다. 우주여행을 할 수 있을 정도로……

우리가 학생시절에 배우는 대부분의 이론은 "정의→공리·공준→정리→현상"에 이르는 과정중 정의와 정리에 해당된다고 할 수 있다.

그럼 어떻게 하면 각 이론의 개념과 원리를 가장 잘 이해할 수 있는 것일까? 그리고 그 이해의 과정을 통해서 어떻게 자신의 사고체계를 발전시켜 나갈 수 있을까?

이미 언급한 바와 같이 새로운 이론이란 기존 이론들의 특정 조합을 통해 새롭게 만들어진 유용한 사실·정리라고 할 수 있다. 만약 이론의 개념과 원리의 이해라고 칭해지는 이론공부의 목적을 각 이론의 결과적인 현상에 대한 이해라고 생각한다면, 배경이론들의 특정 성질들을 가지고 새로운 결론을 도출하기까지의 과정에 대한 이해라고 할 수도 있다. 하지만 이론공부의 보다 근원적인 목적은 현재 이론의 이해를 넘어서 이론공부에 대한 향후 자기주도학습능력을 확보하는 것이라 할 것이다. 즉 이를 위해 보다 중요한 것은 결과의 해석적인 측면 뿐만 아니라 어떠한 실마리를 가지고 그러한 배경이론들을 사용하게 되었는지, 그리고 결론에 이르게 되었는지에 대한 동적인 사고의 과정을 이해하는 것이라 할 것이다. 그래야만 이론의 자기주도학습 능력향상을 위한 훈련이 될 것이기 때문이다. 따라서 정작 우리 학생들이 훈련해야 할 부분은 누군가 만들어 놓은 결론의 내용에 대한 이해보다는, 선정된 적용방법이 어떤 판단과정을 거쳐 선택되었는지에 대한 사고과정 자체인 것이다. 이것은 당연히 문제풀이의 경우도 마찬가지이다.

하나의 이론은 기본적으로 참, 거짓을 판별할 수 있는 명제라고 할 수 있다. 그리고 우리가 배우는 이론은 대부분 참인 명제이다. 각 이론의 내용은 사용되어지는 용어와 조건, 그리고 그들간의 관계로서 규명되어 진다.

- 이론의 내용구성 : 용어 + 조건 + 관계

즉 이론의 전개는 사용된 용어의 의미 전제하에서, 기존에 참으로 밝혀진 관계로부터 새로운 관계 또한 참임을 보이는 것이라 할 수 있다.

   - 사용된 용어들 : 이론의 영역 및 범위를 결정한다.

▶ 용어의 정의로부터 적용 영역 및 범위를 유추할 수 있어야 한다.

   - 주어진 조건들 : 정의된 영역 하에서 적용될 범위를 결정한다.

   - 기존에 참으로 밝혀진 관계들 : 이미 증명된 배경이론들로부터 나온다.

▶ 직접적으로 표현되지 않을 경우, 주어진 조건들로부터 관련이론에 대한 실마리를 찾아야 한다.

   - 새로운 관계 : 참임을 증명해야 할 대상이다.

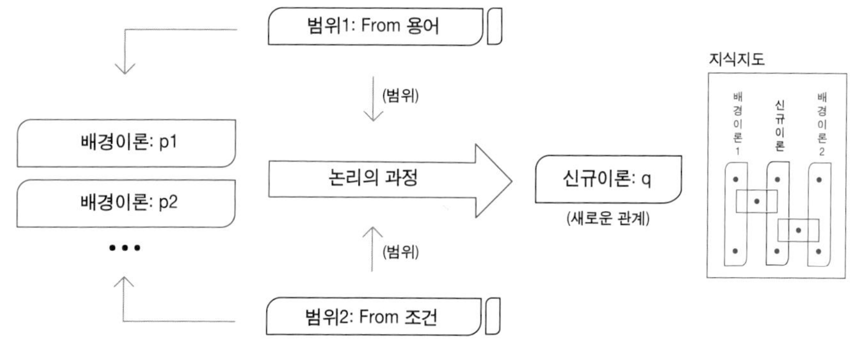

위 그림에서 검정색 글씨 부분은 각 이론에 명시적으로 표현되는 내용들이다. 그리고 파란색 글씨 부분은 대부분의 경우 명시적으로 표현되지 않으므로 우리 스스로 찾아야 하는 부분으로써, 이론의 개념과 원리에 대한 보다 정확한 이해를 위해서 우리 학생들이 이해해야 만 하는 내용들, 즉 이론공부의 대상인 것이다. 이러한 이해의 과정을 통해 우리 학생들은 그들의 논리적 사고력을 훈련하게 되고, 그에 따라 이론의 발전과정에 대한, 바꾸어 말하면 새로운 지식의 습득에 관한 자신의 사고체계를 정립시켜 나가게 되는 것이다.

그냥 문제풀이를 목적으로 단순히 공식 암기하듯이 이론을 외우다면, 자신의 논리적 사고체계 정립이라는 진정한 공부는 하지 못하게 되는 것이다.

그럼 위에 제시된 과정을 모두 해 나간다면, 이론을 완벽하게 이해했다고 할 수 있을 것인가?

일견 그럴 것 같지만, 사실 그렇지 못하다.

위의 과정은 하나의 방향에서 본 이론의 내용에 대한 단 방향 이해에 불과하다. 비유해서 설명하면, 어떤 사물을 정확하게 이해하기 위해서는 여러 방향의 이해를 종합해 보아야 한다. 코끼리를 정확히 묘사하려면 앞·뒤·옆면에서의 시각을 종합해야만 하는 것과 같은 이치이다.

다음은 이러한 관점에서 이론에 대한 이해의 단계를 Level 1, 2, 3로 구분하여 설명하였다. 여러분은 Level 3 단계에서 어느 정도 완성된 지식지도의 모습을 볼 수 있게 됨을 알 수 있다. 즉 이 단계에 도달하면, 특별한 장애상황이 발생하지 않은 한, 임의의 상황에서도 이 이론의 적용을 수월하게 할 수 있게 될 것이다. 소위 이론의 개념과 원리를 가장 잘 이해하는 단계라 할 수 있을 것이다. 이렇게 단계를 구분하는 또 다른 중요한 이유는 이론의 이해능력 훈련에 대한 이정표를 설정함으로써, 학생들의 훈련의 성과에 대한 가시화를 하기 위함이다.

이론의 구성원리와 이해력 단계 비교

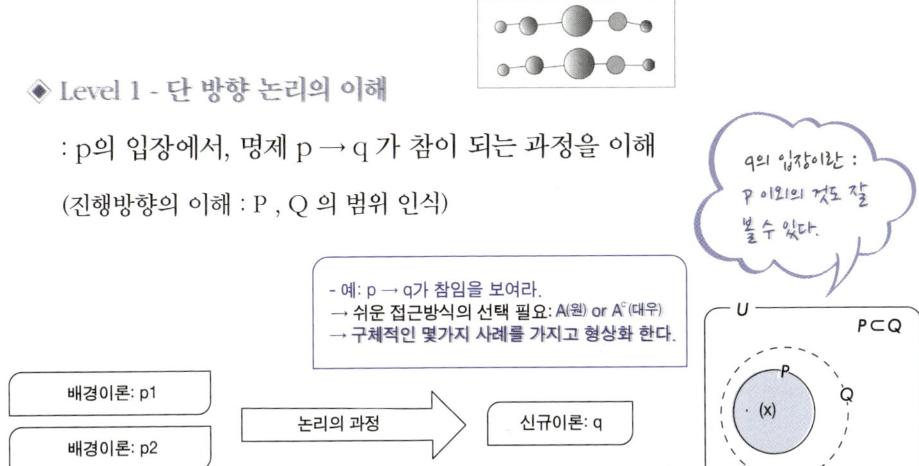

◆ Level 1 - 단 방향 논리의 이해

: p의 입장에서, 명제 p → q 가 참이 되는 과정을 이해

(진행방향의 이해 : P , Q 의 범위 인식)

⇒ 설명:

이론의 일반적인 증명과정은 연역적 방법을 따른다. 그런데 이 과정은 p의 입장에서 보는 것에 따른 다음과 같은 제한점을 가지게 된다.

- 비유적으로 어떤 물건이 집안에 있다는 것을 증명 할 때, 내가 집안에 위치할 경우 증명은 할 수 있지만 집의 모습을 직접 볼 수는 없는 것이다. 즉 신규이론의 전체 모습, 경계를 보기가 어렵다.

- 증명해야 할 대상 또는 종류가 많은 경우, 증명과정이 무척 길게 된다.

만약 결론에 해당하는 Q의 여집합(Q^c)에 속하는 대상 또는 종류가 적다면, 반대 접근방법을 고려하는 것이 좋다. 왜냐하면 원명제(p → q : P ⊂ Q)와 대우명제(~q → ~p : Q^c ⊂ P^c)는 같은 상황을 가지고 안에서 밖으로 그리고 밖에서 안으로 보는 시각차이에 따른 구분에 불과하므로 어떤 방식으로 증명해도 결과는 같기 때문이다.

이론에 대한 이해의 과정을 형상화 하기 위해서는 몇 가지 사례를 가지고 구체화 해 보는 것이 좋다.

◆ Level 2 : 양 방향 논리의 이해

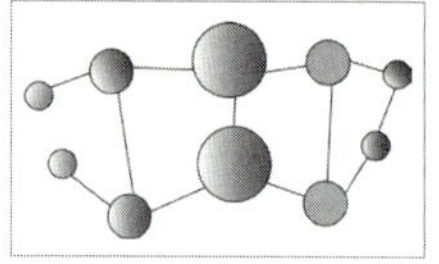

: + q의 입장에서, (역방향의 이해: 대우명제의 구체화)

① 명제 p → q 가 참이 되게 하는 p의 진리집합, P의 구체적 인식

② 명제 p → q 가 거짓이 되게 하는 반례,

   $(\{x \mid x \in P^C \text{ where } x \in Q^C\})$ 의 구체적 인식

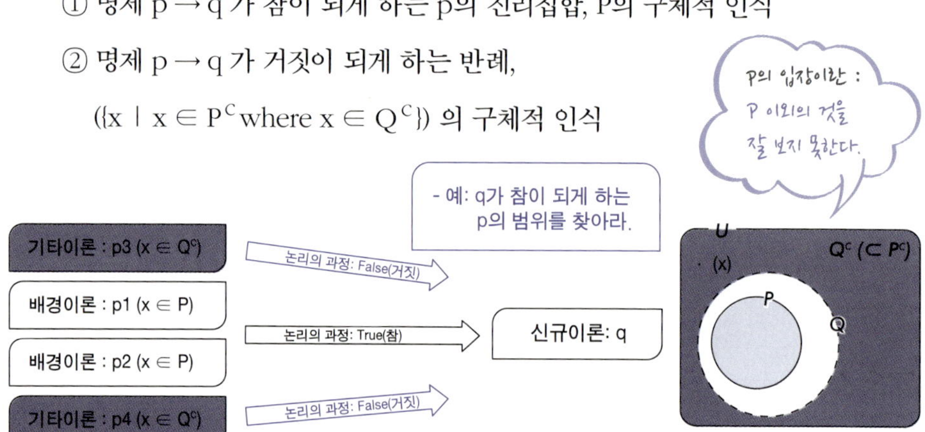

⇒ 설명:

Level 1이 단방향이해에 대한 모습이라면, Level 2는 역방향 이해의 모습을 더한 양방향 이해의 모습을 담은 것이다. 즉 연역법적 증명과정에 따른 원명제의 이해와 귀류법적 증명과정을 따른 대우명제의 이해를 모두 합한 것이라 할 수 있다.

- 비유적으로 어떤 사물을 양방향에서 보고 종합하여 묘사한다면, 보다 정확히 실체를 규명할 수 있을 것이다.

- 단방향 이해 후, 나머지 역방향에 대한 이해는 반례를 통해서 그 내용을 구체화 해 보는 것이 좋다.

- 대우명제의 이해는 신규이론의 전체 모습, 경계를 볼 수 있게 한다.

◈ Level 3 : 다양한 시각의 이해 (2차원 이상에서의 이해)

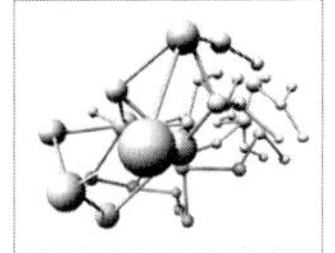

: Level 2 양방향 이해논리를 기반으로 시각의 다각화를 통해

핵심 원리의 도출 및 각 변형의 이해 (q의 다양한 구성요소(성질)의 이해) 그리고

상호 연관 이론들의 연결을 입체화 : 1차원→2차원→3차원

⇒ 지식지도의 생성 및 확장

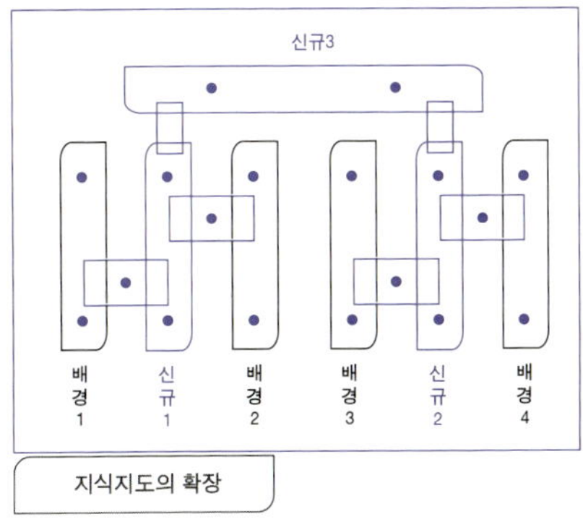

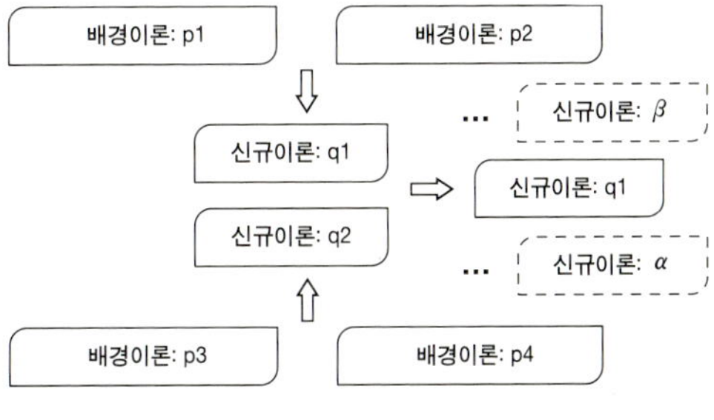

⇒ 설명:

Level 2가 양방향 이해에 대한 모습이라면, Level 3는 옆방향들의 모습을 더한 종합적인 이해의 모습을 담은 것이라 할 수 있다. 다른 시각에서는 관련된 모든 이론들이 서로 연결된 모습이라 할 수 있다.

- 비유적으로 어떤 사물을 가능한 모든 방향에서 보고 종합하여 묘사한다면, 가장 정확히 실체를 규명할 수 있을 것이다.

- 이 단계는 신규이론 자체에 대한 이해를 넘어 이론간의 가능한 연결 고리를 찾는 것이라 할 수 있다.

이론의 이해 단계의 형상화

〈이론학습〉

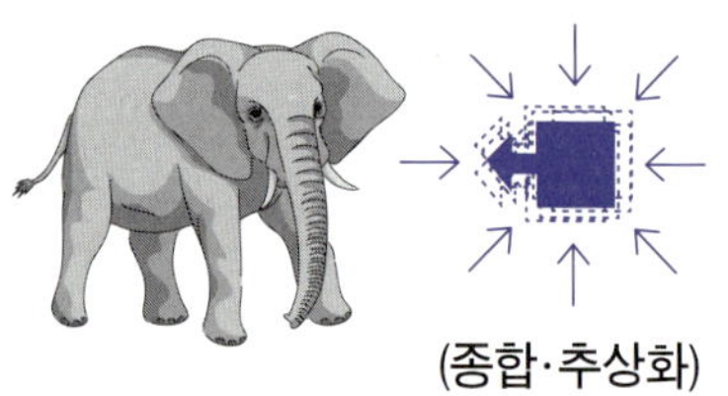

(종합·추상화)

똑같은 이야기를 들어도 받아들
이는 내용은 다 다르다.
⇒ 같은 이론을 공부해서 각자의
레벨에 따라 이해의 모습은 다 다
르다.

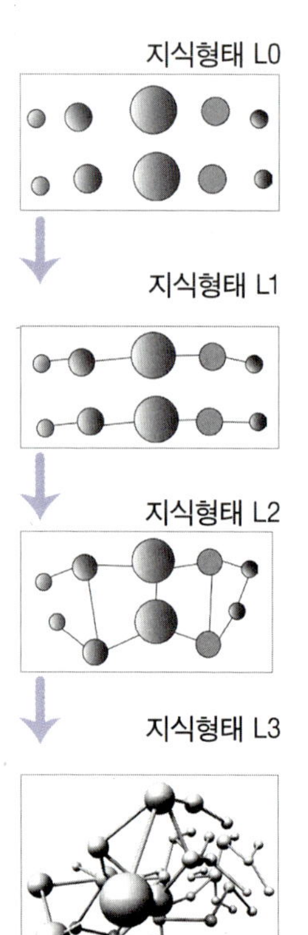

〈이해의 모습〉

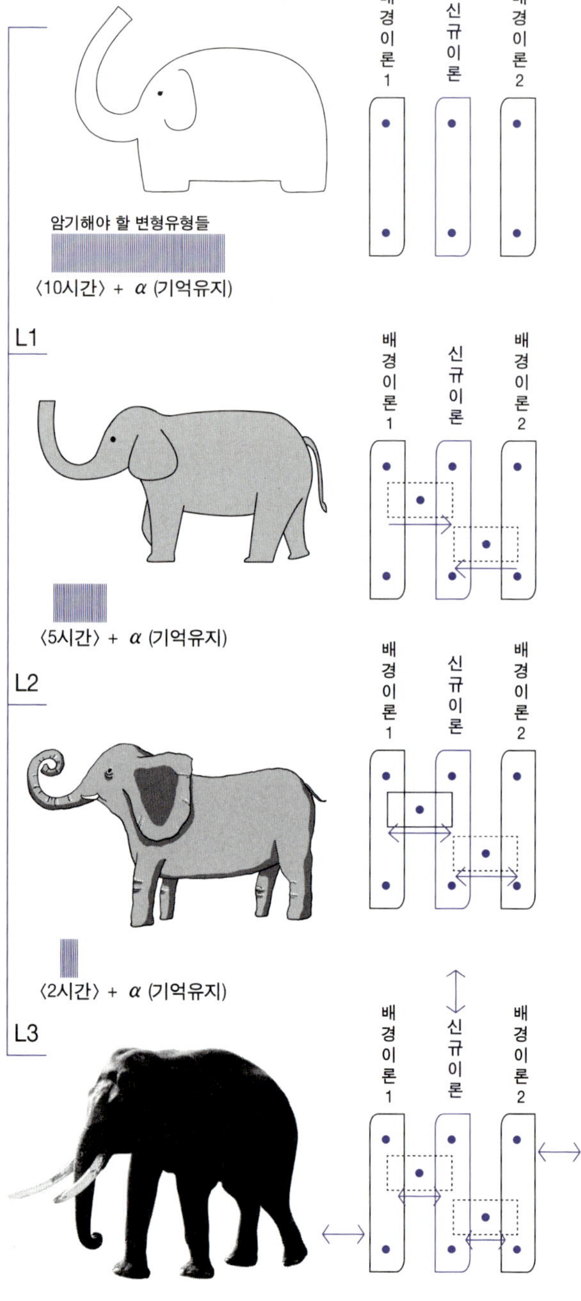

이제 비록 추상적이나마 이론의 이해단계에 대한 전반적인 이해를 할 수 있을 것이다.

한 가지 이론에 대한 다양한 시각에서의 이해가 구체적으로 무엇인지 형상화해 보기 위하여, 한 가지 수학이론을 가지고 실 예를 들어보자.

한 가지 대상에 대한 서로 다른 시각(방향·관점)에서의 이해

A. 이론의 이해 : $y = 2x + 1$ ($x \geq 0$, x 는 실수)에 대한 해석

  ■ 함수 : 정의역 $x \geq 0$, x 는 실수인 각 원소에 대하여, 함수값 $f(x) = 2x + 1$

    인 일대일 대응 함수

    → 기하학적 해석 : 좌표평면상에서 기울기(도함수)가 2이고 y절편이 1

    인 일차함수

  ■ 기하 : (0, 1) 과 (1, 3) 을 지나는 직선

    → 직선의 결정요소 : 두 점

  ■ 집합 : $\{(x, 2x + 1) \mid x \geq 0$, x 는 실수$\}$을 만족하는 순서쌍 원소들의 집합

  ■ 수열 : 초기값이 1 이고 공차가 2 인 등차수열

  ■ …

이러한 다양한 시각에서의 이해가 실제 문제풀이에서 어떻게 활용되는지 미리 한 번 살펴보자.

B. 문제풀이 : 주어진 상황에 따라 각 입장의 장단점이 있다. 문제를 풀 때는 각 측면을 고려s하여 가장 적합한 입장을 선택할 수 있어야 한다.

  - 질문1 : 임의의 세 개의 점이 일직선상에 존재하지 않는다.

    50개의 서로 다른 점이 있을 때, 만들 수 있는 직선(1차원)과 평면(2차원)의 개수는?

■ 기하(형상화) + 집합(솔루션) : 각각 원소의 개수가 2개, 3개인 부분집합의 총 개수

- 질문2 : 볼록한 50각형이 있다. 만들 수 있는 대각선의 개수는?

■ 기하(형상화) + 집합(솔루션) : 원소의 개수가 2개인 부분집합의 총 개수 - 변의 수(인접한 것을 제외)

- 질문3 : $f(x) = \sqrt{(x + 2)^2 + 1} + \sqrt{(x - 3)^2 + 16}$ 의 최소값은?

■ 함수(형상화) + 기하(솔루션) : 주어진 내용의 해석 → 최단거리 : (-2,1) 과 (3,4) 사이의 직선거리

- $\sqrt{(x + 2)^2 + 1}$ = (-2, 1) 과 (x, 0) 사이의 거리

- $\sqrt{(x - 3)^2 + 16}$ = (x, 0) 와 (3, 4) 사이의 거리

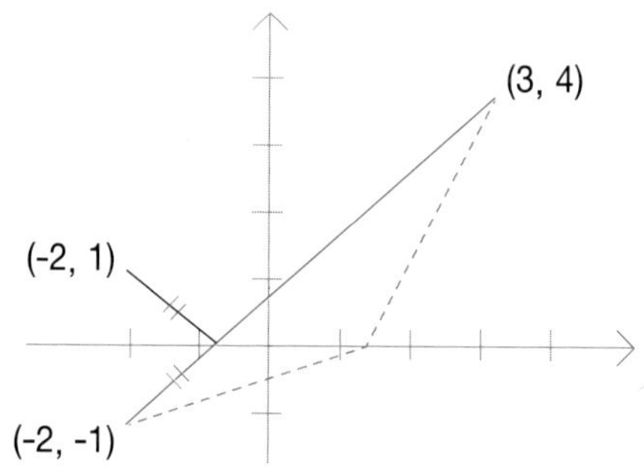

❷ 문제해결능력 : 논리적인 판단력

이론 공부를 마쳤다는 것은 돌아나질 동네의 지리를 어느 정도 알았다는 이야기이다. 이제는 문제를 풀 차례이다.

문제를 푼다는 것은 무엇일까 상상해 보자.

그것은 나에게 목적지와 어떤 상황이 주어지고 정해진 시간 내에 목적지에 찾아가라고 하는 것과 같다. 그런데 주변 상황은 계속 변하기 마련이다.

지금부터 이렇게 변화하는 상황에서 일관성을 갖출 수 있도록, 우리는 어떻게 논리적으로 문제를 풀어나갈 수 있을까 고민해 보자. 즉 문제를 풀기 위해 필요한 논리적인 사고의 흐름을 알아보자.

문제를 잘 풀기 위해서 직관적으로 생각할 수 있는 것은,

첫째는 주어진 문제의 내용을 정확히 이해해야 하고, 둘째는 그것을 기반으로 솔루션을 잘 찾아야 한다.

그렇다면 문제의 내용을 정확히 이해한다는 것은 무엇이고, 어떻게 하는 것일까?

그리고 그것을 기반으로 솔루션을 잘 찾는다는 것은 무엇이고 어떻게 해야 하는 것일까?

이것에 대한 구체적인 내용을 알아보기 위해서는

여기에 관련된 내용을 몇 가지 구체적인 사례를 가지고 형상화해 보는 것이 많은 도움이 될 것이다.

이 작업을 위하여 우리는 앞서 이론이해능력 2단계에 소개된 역방향의 시각에서 접근해 볼 것이다.

즉 원 명제에 대한 순방향에서의 접근이 문제를 잘 풀기 위해서 해야 할 일을 정의하는 것이라면, 동치인 대우명제에 대한 역방향에서의 접근은 문제를 틀리는 대표적인 이유를 찾아내는 일이라고 할 수 있을 것이다.

문제를 틀리는 대표적인 이유

1. 내용형상화 : 주어진 조건들을 명확인 인지 못한 상황에서, 접근하기 쉬운 방법을 선택하지만 시간이 많이 소요되어, 제한된 시간 안에 해결하지 못한다.

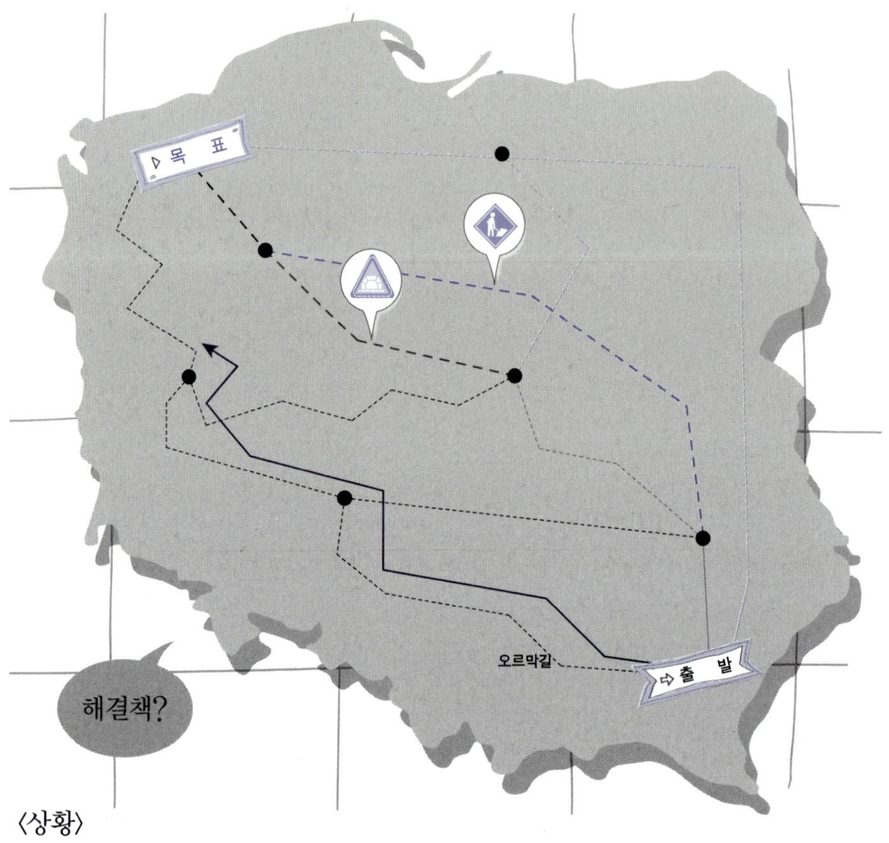

〈상황〉

아직 명확한 동네의 지도를 갖고 있지 못하고, 부분 부분의 길에 관한 정보만을 가지고 있는 상황입니다.

〈질문〉

이러한 상황하에서 이용해야 할 조건으로서 터널 및 공사중인 정보가 주어졌다면, 과연 어떤 경로를 선택하는 것이 좋을까요?

⇒ 터널 및 공사현황 등 주어진 조건들을 정확히 인지하지 않은 상태에서, 선택지점에서 우선 눈에 쉽게 보이는 그리고 목표와 방향성이 맞는 경로를 선택하였으나, 쉬운 길은 시간이 많이 걸리는 힘든 코스인 경우가 많다.

2. 목표구체화 : 주어진 조건들은 찾았으나, 목표가 단지 막연하여, 구체적으로 무엇(어디)인지를 모르는 경우, 구체적인 방향 및 경로를 찾지 못하여, 일단 해보지만 막막하기만 하다.

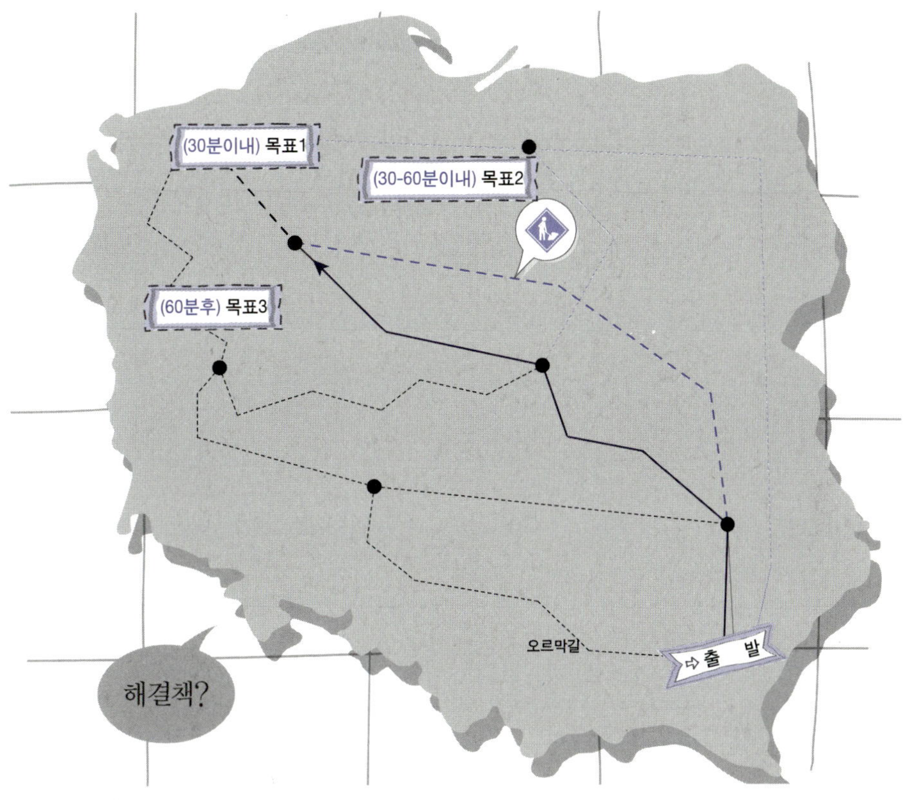

〈상황〉

아직 명확한 동네의 지도를 갖고 있지 못하고, 부분 부분의 길에 관한 정보만을 가지고 있는 상황입니다.

〈실문〉

이러한 상황하에서 이용해야 할 조건으로서 공사중인 정보가 주어졌다면, 과연 어떤 경로를 선택하는 것이 좋을까요?

⇒ 비록 주어진 조건들에 대한 인지는 가졌으나, 위도와 경도형식을 빌어 다소 추상적으로 주어진, 변하는 목표에 대한 인식을 정확하게 수행하지 못한 상태에서 길을 선택하는 경우이다. 예를 들어 범위에 대한 조건들을 기반으로 $y - x^2$의 최소값과 최대값을 구하는 문제의 경우, 이 문제는 목표가 고정된 것이 아니라 조건에 따라서 같이 변동한다. 따라서 목표인 $y - x^2$의 구체적인 괘적을 형상화하지 못하는 경우, 문제를 풀기 어렵게 된다.

3. 적용이론 찾기1 : 주어진 조건을 모두 이용하지 않고, 예전에 해본 경험·패턴에 의존하여 풀다가 장애상황에 부딪치고 만다.

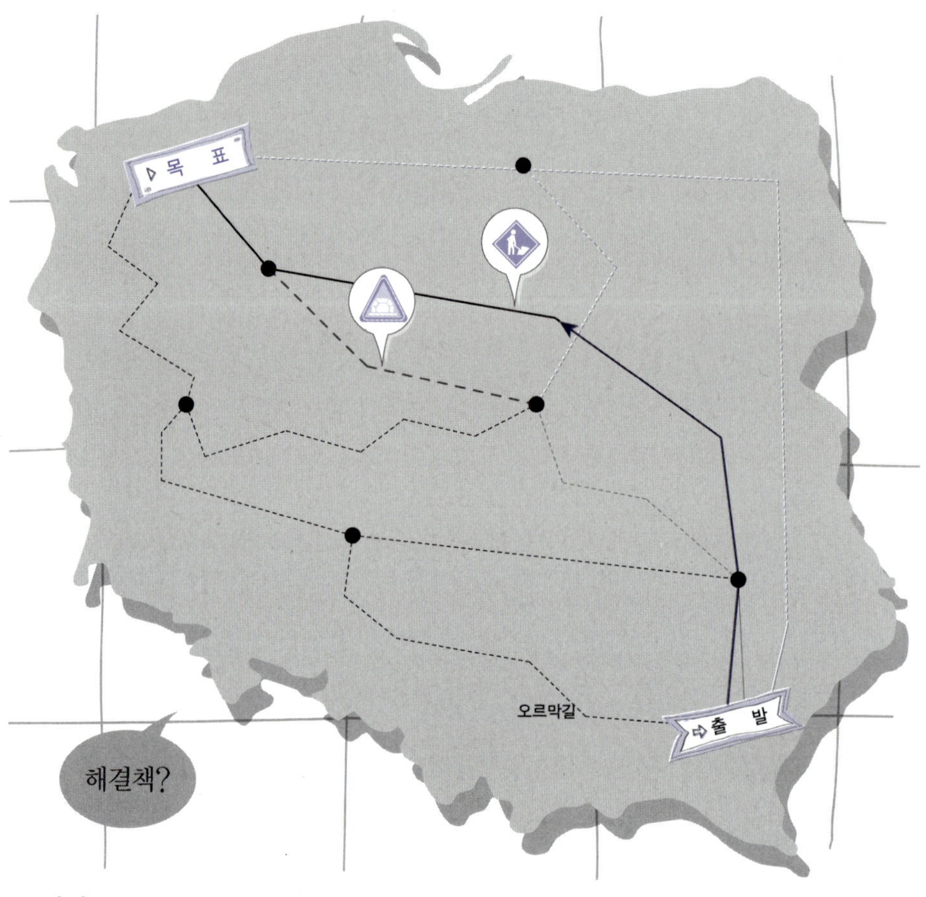

〈상황〉

아직 명확한 동네의 지도를 갖고 있지 못하고, 부분 부분의 길에 관한 정보만을 가지고 있는 상황입니다.

〈질문〉

이러한 상황하에서 이용해야 할 조건으로서 터널 및 공사중인 정보가 주어졌다면, 과연 어떤 경로를 선택하는 것이 좋을까요?

⇒ 주어진 조건들에 대한 인지는 하였으나, 그 내용들을 심각하게 고려하진 않고, 이미 이전에 경험해 본 사실에 준하여, 길을 선택함으로써, 새롭게 주어진 장애상황에 맞이하게 됨에 따라 어려움을 겪는 경우이다.

4. 적용이론 찾기2 : (형상화를 통해) 주어진 조건을 모두 이용하여 최초 실마리는 잘 잡았으나, 그 것을 연결하는 기존 관련이론에 대한 앎의 단계가 부족하여 연결고리를 못 찾는다.

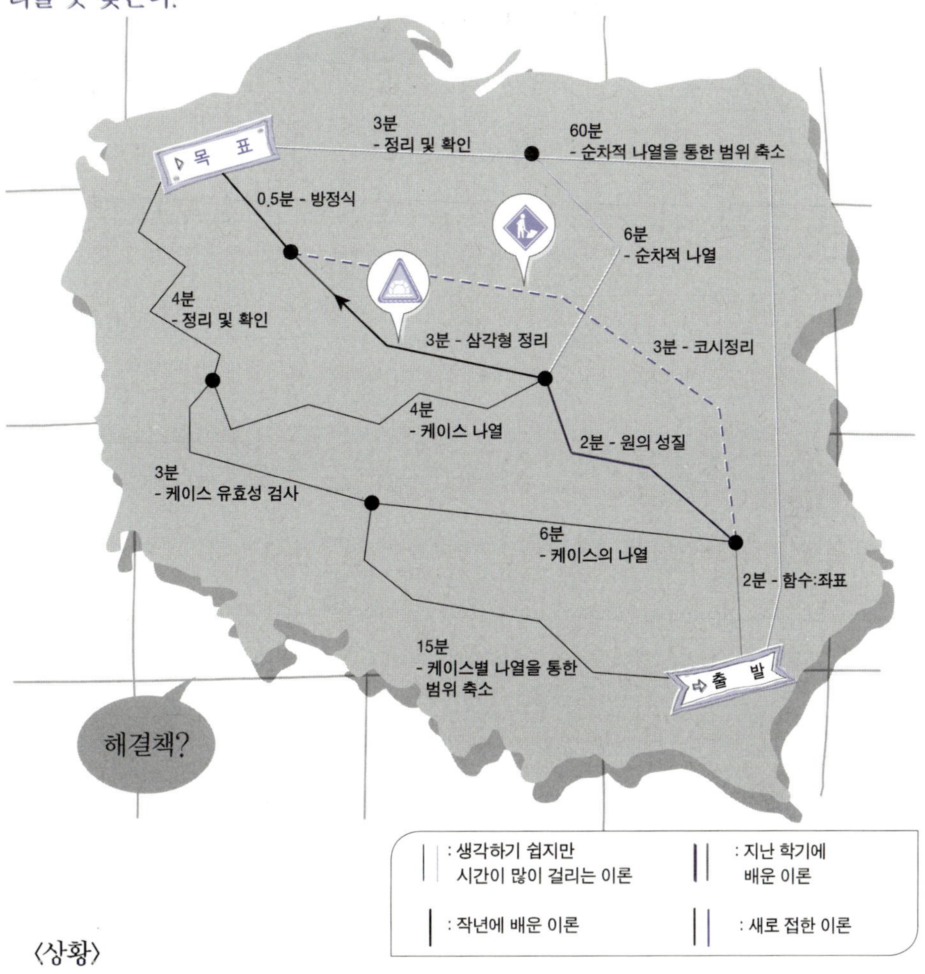

〈상황〉

아직 명확한 동네의 지도를 갖고 있지 못하고, 부분 부분의 길에 관한 정보만을 가지고 있는 상황입니다.

〈질문〉

이러한 상황하에서 이용해야 할 조건으로서 터널 및 공사중인 정보가 주어졌다면, 과연 어떤 경로를 선택하는 것이 좋을까요?

⇒ 주어진 조건들에 대한 정확한 인지를 통해 터널을 이용해야 함을 알고, 해당 길(삼각형 정리이론)은 선택하였으나, 연결지점까지 가는 길(원의 성질이론)을 모름에 따라, 전체 경로의 선택에 어려움을 겪는 경우이다.

문제풀이 과정을 통한 이론 이해 단계의 발전모습

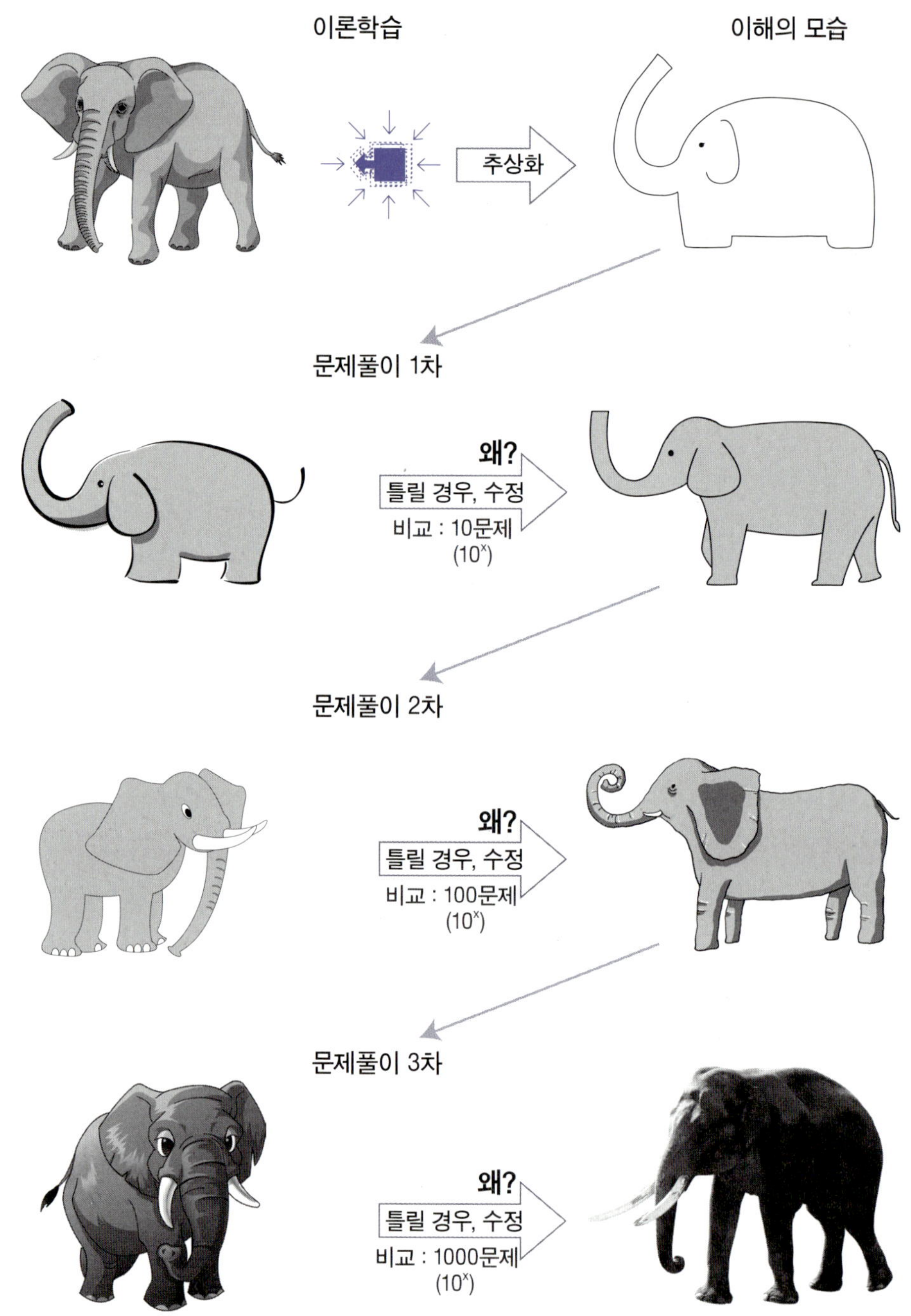

　지금까지 역방향에서의 접근을 통해 학생들이 왜 문제를 틀리는 지에 대해 대표적인 이유들을 살펴보았다.

　이것들을 통해 순방향의 논리적인 사고의 흐름을 정리해 보자.

　문제를 잘 풀기 위해서는

　첫 번째, 나에게 주어진 상황을 정확히 인지하고, 이용해야 할 조건들을 파악하는 것이다.

　두 번째, 구체적인 경로를 세우기 위한 목표에 대한 구체적 인지가 필요하다.

　세 번째, 구체적 목표를 대상으로, 주어진 조건들을 반영하여 효과적인 솔루션(경로)를 선택하는 것이 필요하다.

　네 번째, 선택된 경로를 우선 순위를 가지고 직접 실천에 옮기는 것이 필요하다.

　물론 이러한 과정의 실행을 통해 모든 문제가 쉽게 풀리지 않을 수도 있다. 그러나 이러한 논리적인 사고의 과정은 모든 문제를 풀 때에 우선적으로 필요한 기반을 제공을 할 것임은 분명한 사실이다.

　이러한 내용을 기반으로 다음 장에서 우리는 앞으로의 문제해결을 위한 행동의 지침을 될 순방향의 표준문제해결과정을 정리하게 될 것이다.

　다음은 학생들에게 문제해결능력 훈련에 대한 단계적 이정표를 주기 위하여 보다 높은 수준의 문제해결능력을 요하는 단계상황을 가시화해 본 것이다.

과정의 순환실행 비유 : 문제의 난이도 상승

- 계속적으로 변하는 상황 각각에서, 주어진 상황에 맞는 적합한 길의 선택

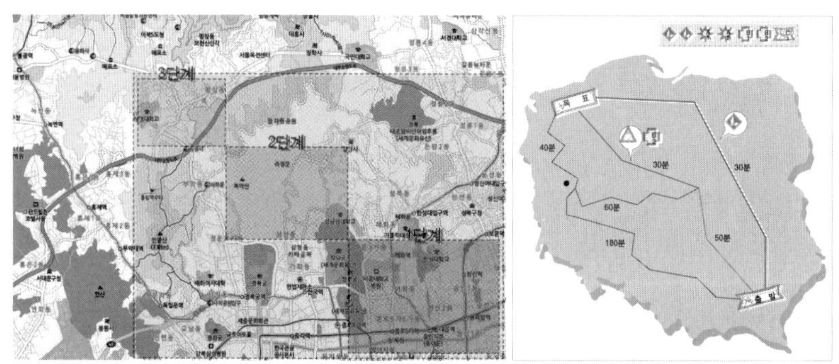

문제 풀이 시 주어진 내용에 기반하여 특정 솔루션을 찾는 것은, 갈림길에서 주어진 상황에 맞는 가장 적합한 길을 찾는 것과 같다.

즉, 문제해결능력 이란

상황의 정확한 조사 및 인식 (상황파악 및 분석능력) 그리고 선택 (판단 및 의사결정능력) 그리고 실천능력을 의미한다.

❸ 실행능력 : 체득화/습관화

최고의 자유형 수영영법을 알았다고 해서 그 다음날부터 수영을 잘할 수 있는 것
은 아니다. 요구되어지는 수준의 수영을 잘 할 수 있기 위해서는 그에 따른 실질적인
몸의 변화가 뒤따라야만 한다. 즉 꾸준한 훈련을 통해 필요한 관련 근육들이 생겼을
때 비로서 해당 영법을 소화해 낼 수 있는 것이다.

공부도 마찬가지 이치를 따른다.

사람마다 이해에 대한 이해 수준이 다르고, 문제해결능력 또한 다르다. 그래서 문
제에 대한 틀린 원인 또한 다를 수 밖에 없다.

문제를 틀렸다는 것은 부정적인 측면에서는 즉 자신의 능력을 평가하기 위한 시험
에서는 해당 수준의 문제를 풀기에는 아직 능력이 부족하다는 것을 뜻하지만, 긍정
적인 측면에서는 특히 공부하는 과정에 있을 때는 능력을 향상시킬 수 있는 원인을
발견할 수 있는 계기를 마련했다는 것을 의미한다. 반대로 맞았다는 것은 긍정적인
측면은 시험에서 현재 자신의 능력이 평가수준에 다다랐다는 것을 의미하지만, 부
정적인 측면은 공부하는 과정에 있을 때 현재 자신의 능력을 좀더 향상시킬 수 있는
계기를 아직 찾지 못했다는 것을 의미한다.

따라서 공부하는 과정에 있을 때는, 틀렸다는 것은 자신의 현재 능력을 향상시킬
수 있는 기회를 잡았다는 것이므로, 스트레스를 받을 것이 아니라 긍정적인 자세로
임하는 것이 좋다. 비유하자면, 어떤 문제를 틀렸다는 것은 아픈 사람이 병원에 가서
어떤 검사를 통해 해당 증세가 나타났다는 것을 뜻한다. 즉 아픈데 증세가 나타나지
않는 다면, 더 큰 문제이기 때문이다. 그렇지만 나타난 증세를 통해 해당 문제의 발
생 원인을 찾아 해결하지 못한다면, 그것은 비용만 치르고 시간을 허비한 것과 마찬
가지가 될 것이다.

우리는 전문가와의 클리닉 과정을 통해 문제 발생에 대한 해당 원인을 찾아야만 한다. 그것이 첫 번째 할 일이며, 이때 학생이 문진 및 검사를 똑바로 해야만, 전문 선생님이 제대로 도와줄 수 있을 것이다. 그러나 원인을 찾았다고 해서 아직 문제가 해결된 것이 아니다. 중요한 치료과정이 남아 있기 때문이다. 즉 선생님이 내려준 처방전에 따라, 학생이 필요한 조치를 취할 때 비로서 문제는 해결되기 시작할 것이다. 이때의 치료과정을 비유하면, 필요한 내용을 비로서 자기 것으로 만들어가는 체득화·습관화 과정이라 할 수 있다. 그리고 이것은 꾸준한 노력이 수반되어질 때에만 비로서 결실이 만들어 진다. 이것에 관여된 수행능력이 바로 실천능력이고, 이는 성취감·끈기·인내 등으로 달리 표현되어 지기도 한다.

이러한 실천능력에 대한 수준은 사고의 근육 형성 정도에 따라 결정되어 진다. 근육이 쌓일 수록, 해당 사고과정을 수행하는 정확도와 속도는 빨라질 것이고, 다음 단계로 진입할 수 있는 기저를 마련하게 될 것이다.

자신의 능력을 효과적으로 향상시키기 위해서는 앞선 원인을 찾아내는 과정뿐만 아니라, 후선의 체득화·습관화 과정 또한 무엇보다도 중요한 일임을 잊지 말아야 한다. 그리고 처음에 습관을 들이기까지는 무척 어려우나, 한번 습관이 들면 그러한 과정이 점점 수월해 진다는 것을 알고, 최초의 변화에 꽤 공을 들여야 할 것이다.

- 평가기준 : 일일 자율집중 공부시간

왜 실수를 반복하는가? vs 가장 빠른 실력 향상 방법은?

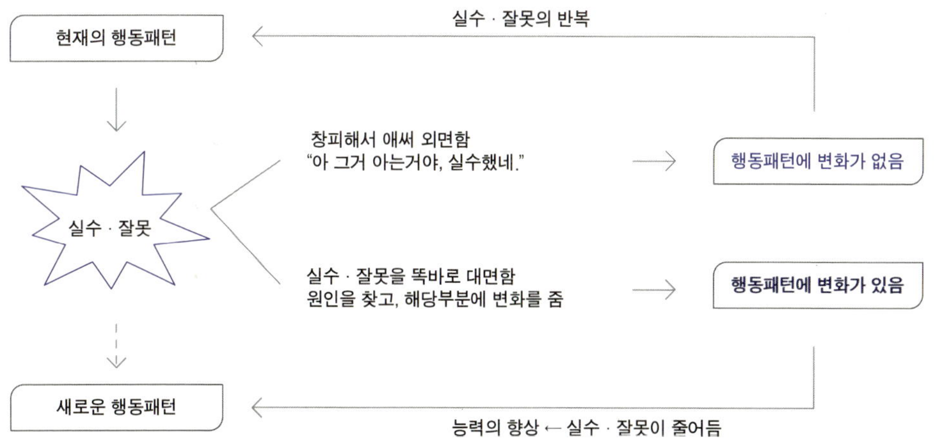

가장 빠른 실력향상 방법은? - 가장 빨리 똑똑해 지는 방법은?

방향을 잘 잡고, 열심히 노력하여 필요한 사고의 근육을 만드는 것이다.

역으로 생각하면,

노력하기 위하여 자신의 현재 행동(사고)에 어디를·어떻게 변화를 줄 것인가를 결정해야 한다.

그러기 위해서는 자신의 현재 행동(사고)에 어디가 문제인지를 똑바로 봐야 하고, 그러한 문제가 왜 발생했는지 원인을 알아내야 한다. 그리고 나서 그 원인을 해결하는 방향으로 자신의 행동(사고)에 변화를 주고, 꾸준한 노력을 통하여 체득화함으로써(필요한 근육을 만듦으로써) 앞으로의 행동(사고)에 일관성있는 변화를 가져올 수 있어야 한다.

자신의 현재 실현 능력 측정 :

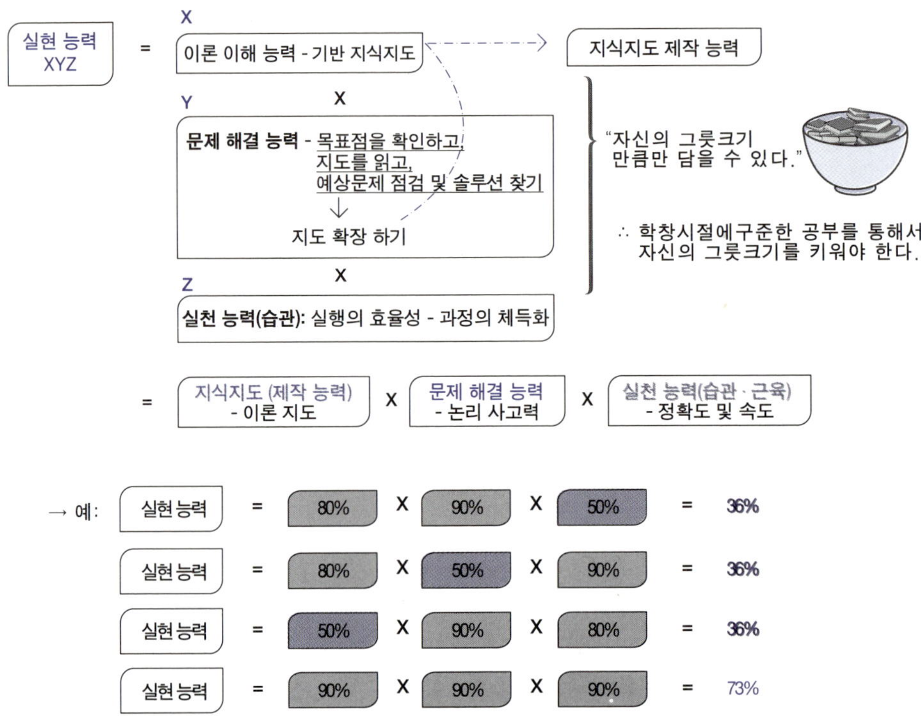

※ 자신의 현재 부족한 부분이 어디 인지를 명확히 인식하고, 그것을 갖추려고 노력하자.

100% 목표	이론이해능력 - 지도작성능력	문제해결능력 - 논리사고력 깊이	실천능력 - 자율집중공부시간
초등학생	Level 1 (단방향 이해)	Level 1 (한바퀴 적용)	하루 1시간
중학생	Level 2 (양방향 이해)	Level 2 (두바퀴 적용)	하루 2시간
고등학생	Level 3 (전방향 이해)	Level 3 (세바퀴 적용)	하루 3시간

2. 논리적 사고의 흐름(논리사고력)에 기반한 표준학습프레임워크

❶ 표준이론학습과정

표준이론학습과정 : 이론의 연결

새로운 이론도 외우는 것이 아니고 논리적으로 이해할 수 있어야 한다.

- 표준이론학습절차를 기준으로 이론에 대한 자기주도학습 능력향상

1) 내용의 형상화 : 용어의 정의 및 조건 그리고 결론에 대한 명확한 이해

먼저 새로운 이론의 내용을 읽고, 그 내용을 상상해 본다.

- 명제 $p \rightarrow q$ 의 관계에서 가정과 결론을 구분한다.

- 가정으로부터 주어진 조건들을 찾아낸다.

→ 용어의 정의 자체에 함축되어 있는 숨겨진 조건들을 파악한다.

- 남에게 설명할 수 없는 부분을 모두 체크한다.

2) 목표의 이해(구체화)

- 신규이론의 구체적인 내용을 몇 가지 케이스를 가지고 형상화해 본다.
- 목표에 도달하기 위하여 구체적으로 필요한 것이 무엇인지 파악한다.
- 남에게 설명할 수 없는 부분을 모두 체크한다.

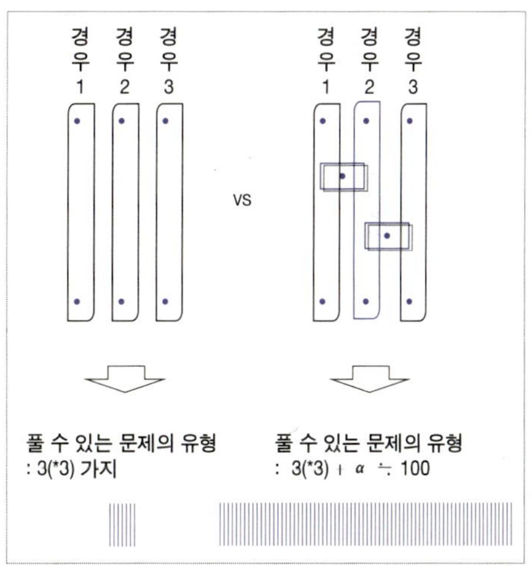

3) 솔루션(길) 찾기 - 이론의 연결 : 도출과정 및 모르는 부분 찾기

- 목표를 기준으로 하여, 주어진 조건들을 실마리로 하여 관련된 배경이론을 찾아내고, 신규이론을 도출하는 전체 논리적인 과정을 찾아낸다.

→ 이 과정을 통해 자연스럽게 관련 이론의 연결이 이루어진다.

- 남에게 설명할 수 없는 부분을 모두 체크한다.

4) 계획 및 실행

- 체크된 부분을 기준으로, 우선 용어의 정의 및 관련 배경이론에 대한 이전 설명을 다시 살펴보고, 본인의 이해도를 보완한다.

- 스스로 이해가 잘 안 되는 부분에 대해, 선생님의 설명을 듣는다.

- **특히, 이론들의 상호 연결관계를 이해하여 자신의 지식지도를 확장해 나갈 수 있어야 한다.**

※ 남에게 설명이 안 되는 부분을 체크하는 이유 : 안다고 생각하는 것의 차이

C단계 : 다른 사람이 설명해 줄 때, 그제서야 생각이 나는 경우

→ 이렇게 아는 것은, 평소에 써 먹을 수가 없다.

B단계 : 해당 내용을 외워서, 기억을 하기는 하나 다른 사람에게 설명할 수 없는 경우

→ 이렇게 아는 것은, 똑같이 내용이 반복될 경우를 제외하면 조금만 변형이 되어도 써 먹을 수가 없게 된다.

A단계 : 해당 내용을 상대방의 입장에서 다른 사람에게 설명해 줄 수 있는 경우

→ 관련 이론들에 대한 연결 지도를 알고 있기 때문에 별도의 장애상황이 발생하지 않는 한, 대부분의 변형문제들을 해결할 수 있다.

이론학습의 주 목적은 일차적으로는 이론의 연결을 통한 지식지도 형성이라 할 수 있지만, 이면에는 그 과정을 통해 이론에 대한 자기주도학습능력을 키우는 것이 보다 중요하다 하겠다. 그래야만 스스로 자신의 관심분야를 깊이 있게 개척해 나갈 수 있기 때문이다. 그리고 하나의 이론의 이해 과정은 신규이론 자체를 목표로 한 문제해결과정과 같다고 할 수 있다. 즉 직접적인 이론의 이해훈련 뿐만 아니라, 논리적인 문제해결과정의 훈련을 통해서 이론의 이해능력을 키워 나갈 수 있다.

표준문제해결과정 : 논리적인 사고의 흐름

1) 내용의 형상화 : 세분화 및 도식화 - 주어진 내용의 명확한 이해

- **百聞 不如一見** : 주어진 내용의 가장 정확한 이해는 그 내용을 이미지화 하여 상상할 수 있는 것이다.

그것을 위해

① 단위문장을 기준으로 각각의 내용을 식으로 표현한다.

→ 문장전체를 한번에 읽고 올바로 해석하여, 한꺼번에 관련된 식을 도출하는 것은 쉽지 않지만, 단위 문장 하나씩을 식으로 표현하는 것은 쉽게 할 수 있다.

② 식으로 표현된 조건들을 그림으로 표현하여 종합한다.

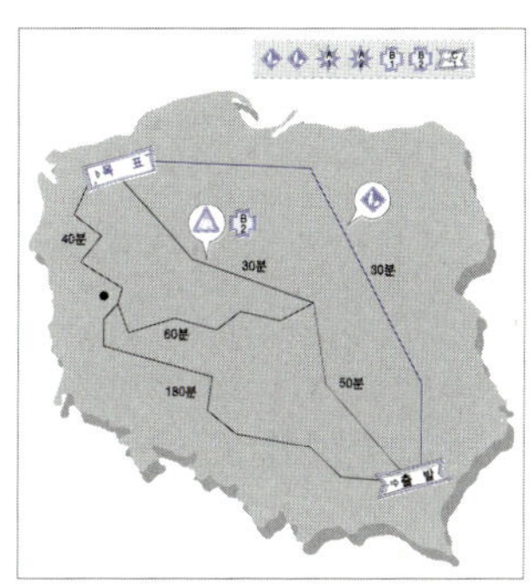

→ 각각의 내용을 종합하여 표현하면, 교점과 같이 문맥상에 숨어 있는 사실 및 구체적인 적용범위들이 겉으로 드러나게 된다.함수의 그래프 표현은 이 과정을 위한 매우 유용한 도구이다.

2) 목표의 구체화 : 구체적 방향을 설정하고 필요한 것 확인

- 목표의 명확한 인식을 통해 **五里霧中**을 경계한다.

① 목표의 형상화 : 형상화된 조건들과 함께 목표를 연관하여 표현

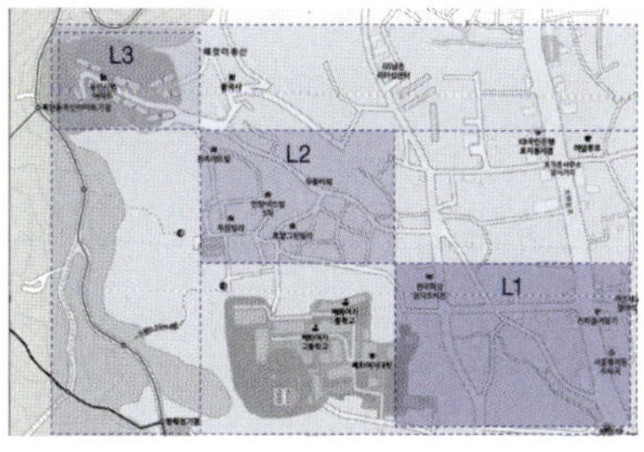

→ 조건에 따라 변화하는 목표의 경우, 관련 식을 통해 변화의 궤적을 구체적으로 표현해야 한다.

② 필요한 것 찾기 : 형상화된 내용을 기반으로, 목표를 달성하기 위해서 추가적으로 필요한 것을 찾는다.

　　→ 이것은 대상을 구체화하여 고민의 범위를 줄이는 것이다.

3) 적용이론(길) 찾기 : 필요한 것을 얻기 위한 적용이론 찾기

- 주어진 조건들을 실마리로 하여, 필요한 것을 얻기 위하여 적용할 이론을 찾는다.

※ 문제가 잘 안 풀릴 경우, 논리적인 접근방법

① 주어진 조건 중 이용하지 않은 조건이 있는지 확인한다. - 주어진 조건들 모두 이용한다.

② 현재 밝혀진 조건 이외의 다른 조건이 더 있는지 내용 형상화 과정을 다시 점검한다.

③ 현재 고민하고 있는 내용이 목표와 방향성이 맞는지 확인한다.

④ 관련이론에 대한 자신의 이해를 다시 점검한다.

　　- 관련 이론의 원리에 대한 이해 부족으로 인해, 변화된 상황에서의 적용이 어려울 때가 많다.

4) 계획 및 실행

- 해야 될 일들에 대한 우선순위를 정하고, 정리된 계획을 실행에 옮긴다.

전 과정의 실행 후에도 여전히 미 해결내용(모르는 것)이 있을 경우, 모르는 것이 다시 목표가 되고, 현재까지 밝혀진 내용을 주어진 내용으로 삼아, 1-4 과정을 반복 시행한다. (문제의 난이도 상승 : L1 → L2 → L3)

표준문제해결과정 - 내용형상화

주요 원리 : 단위문장 별로 세분화하여, 각각의 내용을 도식화 한다.

적용 과정 :

① 우선 문제의 내용을 읽고, 전체적인 의미를 개략적으로 파악한다.

② 각 문장을 대상으로, 단위문장 별로 그 내용을 도식화 한다. 각 문장에 포함된 구문이나 절문 또한 하나의 단위문장의 대상이 된다. 이때 모르는 사항은 미지수(또는 □△○)로 대치하여 주어진 내용으로 식을 구성한다.

③ 그리고 각각의 내용을 하나의 공통 판넬 위에 그림으로 표시한다. 좌표평면과 함수의 그래프는 이러한 공통 판넬의 역할 및 그 내용을 그림으로 표현할 수 있는 훌륭한 도구가 될 것이다.

  → 난이도가 낮은 문제는 식으로 표현하는 정도로도 충분한 경우가 많으나, 난이도가 높은 문제는 문맥상에 숨어 있는 조건들을 사용하는 경우가 많으므로, 그림으로 형상화하는 과정이 필요하게 된다. 왜냐하면 공통 판넬 위에 여러 조건들을 같이 표현하면, 단일 조건에서는 보이지 않는 문맥상에 잠재되어 있는 교점 등 구체적인 적용범위들이 겉으로 표현되기 때문이다.

④ 도식화된 각각의 항목에 대해 번호를 부여하고, 이용해야 할 조건으로 삼는다.

⑤ 전체 내용을 꼼꼼히 살펴보며, 특히 문맥의 관계에서 빠뜨린 조건이 있는지 점검한다.

  - 쉽게 빠트리는 조건들 :

  i) 용어의 정의 자체가 내포하고 있는 내용들

  ii) "x, y는 실수" 또는 "$f(a) \neq 0$"와 같이, 선언구문의 형태를 가진 것들

고려 사항 :

① 아이들은 문제를 접하면, 내가 이용해야 할 주어진 조건들을 꼼꼼히 살펴보기

보다는, 우선은 답을 빨리 찾으려고 하는 마음이 앞선다. 그러한 조급한 마음은 주어진 내용의 정확한 분석과정 없이, 자신이 경험했던 유사한 패턴을 적용하여 쉽게·빨리 문제를 풀려고 시도한다. 그런데

- 난이도가 낮은 쉬운 문제는 이러한 시도가 크게 벗어나지 않으나, 반면에
- 난이도가 높은 어려운 문제는 이러한 시도가 낭패를 가져오는 경우가 빈번해 진다.

② 특히 서술형문제의 경우, 많은 아이들은 미리 겁부터 먹는다. 여러 개의 복잡한 문장의 조합으로 구성되어 있어, 주어진 내용의 의미가 한눈에 들어오지 않기 때문이다. 조급한 마음을 먹을 경우, 더욱 그렇게 된다. 따라서

우선은 아이들의 두려운 마음을 없애주는 것이 무엇보다 필요하다. 아이들도 하나의 문장으로 구성된 내용은 두려움 없이 비교적 쉽게 그 의미를 파악해 낼 수 있다. 이 점을 상기시켜, 단위문장 하나 하나를 대상으로 그 내용을 도식화 하면, 자연스럽게 전체 내용을 도식화할 수 있음을 일깨워 준다. 그리고 그러한 과정의 반복훈련을 통해 자신도 할 수 있음을 느끼고, 체득과정을 통해 서술형 문제에 대한 두려움을 극복해나가도록 한다.

③ 무엇을 미지수로 정할 것인가? 그리고 몇 개로 정의하는 것이 좋을까? - 생각의 흐름을 깨지 않는 자연스러운 것이 제일 좋다. 너무 고민하지 마라, 어떻게든 괜찮다. 이것은 반복적인 적용과정을 통해서 자연스럽게 각자의 효과적인 방법을 얻어 될 것이다. 처음에 아이들은 숫자대신 보이지 않은 문자를 대치하여 쓰는 것에 대한 두려움이 많다. 그렇지만 연립방정식을 풀어보았듯이, 미지수의 개수와 주어진 식의 개수가 일치하면 답은 쉽게 구할 수 있다. 각각의 단위문장을 도식화 할 때, 아직 밝혀지지 않은 모르는 사항에 대해 미지수가 설정하고 그것이 늘어나는 것을 두려워하지 말아라. 미지수가 늘어나더라도 관련 문장들로부터 필요한 추가적인 관계식을 반드시 얻게 될 것이기 때문이다.

예) 여학생 : 남학생 = 2 : 3, 전체 학생 수 = 100
→ x : y = 2 : 3 (3x = 2y), x + y = 100 - 여학생 = 2a : 남학생 = 3a, 2a + 3a = 100

표준문제해결과정 - 목표구체화

주요 원리 : 형상화된 내용을 기반으로 구체적인 목표점을 설정한다.

적용 과정 :

① 우선 목표의 내용을 읽고, 목표의 의미를 파악한다.

② 목표가 고정되어 있는 경우, 그것을 1단계에서 형상화된 공통 판넬 위에 표시한다. 목표가 특정 조건에 따라 변동하는 경우, 목표의 변동 궤적을 형상화 한 후, 그 내용을 공통 판넬 위에 표시한다. 예를 들어, $2x - y$의 최대값을 구하는 문제일 경우, $2x - y = k$라 놓아, 목표인 k값이 x, y가 변동함에 따라 $y = 2x - k$라는 직선의 y절편 값에 음수를 취한 것과 같음을 형상화 한다.

③ 형상화된 목표와 연계하여, 필요한 내용이 무엇인지 구체적으로 규명한다. 예를 들어, 삼각형의 넓이라면, 밑변의 길이 와 높이 가 될 것이고, 확률을 구하는 것이라면, 전체 경우의 수와 특정사건의 경우의 수가 될 것이다. 그런 다음, 이미 알고 있는 것을 제외한 모르는 내용이 세부적인 목표가 될 것이다. 이 과정을 통해 목표에 대해 막연하게 고민하는 것이 아니라, 범위를 좁혀 구체적으로 고민해야 할 분명한 대상을 세부 목표로 갖게 되는 것이 필요하다.

   → 상황에 따라 이 작업은 이론적용 단계에서 이루어 질 수도 있다.

고려 사항 :

① 표현 형태자체가 실마리를 담고 있는 경우가 많다.

실수 x, y에 대하여 $\sqrt{(x + 2)^2 + 1} + \sqrt{(x - 3)^2 + 16}$의 최소값은? 과 같이 주어진 내용은 단순하고 목표 자체가 문제에 경우, 목표의 내용을 형상화하는 것이 쉽지 않다.

이런 경우, 주어진 내용의 형태를 보고 형상화의 실마리를 찾는 것이 좋은 방법이다. 즉 형태적으로 $\sqrt{((x + 2)^2 + 1)}$ = (-2, 1)과 (x, 0) 사이의 거리를 뜻하므로, 주어진 식은 x축 위의 한점 (x, 0)와 (-2, 1) 그리고 (3, 4) 각각의 거리의 합의 최소값과 같은 뜻이 된다.

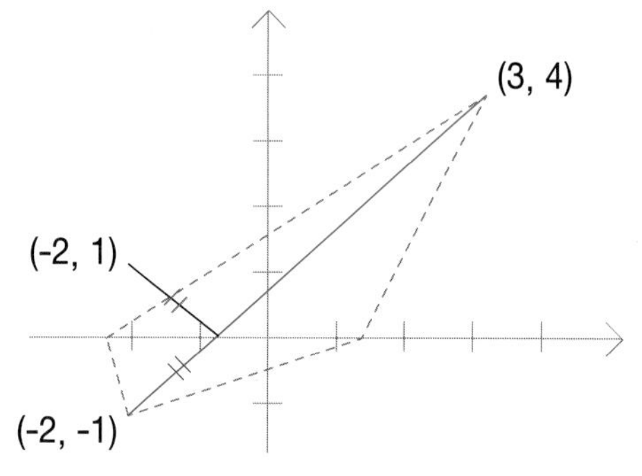

좌측에 형상화된 내용을 기준으로, 최소값을 찾기 위한 이론적용 과정을 조금 살펴보면,

　　i) (x, 0)와 (-2, 1) 사이의 거리는 (x, 0)와 (-2, -1) 사이의 거리와 같다. (∵ (-2, 1), (x, 0), (-2, 1)이 이루는 삼각형은 이등변삼각형). 따라서 좌측의 파란색점선과 실선은 모두 대상 거리가 된다. 그런데

　　ii) "삼각형의 한 변(빗변)의 길이는 나머지 두 변의 길이의 합보다 작다."라는 삼각형 기본원리를 적용하면, (-2,1)의 x축 대칭점인 (-2,-1)과 (3,4) 사이의 거리가 이 문제의 해답이 되게 된다.

→ 이 문제의 경우, 좌표형식을 빌어 서술형식으로 출제 된다면, 오히려 쉬운 문제가 될 것이다.

※ 대표적인 내용·목표의 형상화 방법으로는 함수의 그래프 와 밴다이어그램을 들 수 있다. 이중 많은 학생들이 어려워하는 다양한 함수의 그래프를 논리적으로 그릴 수 있는 방법을 부록에 소개하였다.

표준문제해결과정 - 이론 적용

주요 원리 : 주어진 모든 조건들을 이용하여 최적의 솔루션을 찾는다.

적용 과정 :

① 각각의 형상화된 구체적인 목표(필요한 것)를 구하기 위해 적용 가능한 이론을 모색한다. 목표에 도달하는 방법은 여러 가지가 있을 수 있다. 그렇지만 이 문제에 가장 적합한·효율적인 이론(길)은 목표와 연관하여 주어진 조건들을 이용하는 것이다. 즉 어떤 이론을 적용할 것인가에 대한 실마리는 주어진 조건들로부터 찾아내야 한다.

② 주어진 조건들의 내용 뿐만 아니라, 제시된 형태 또한 적용이론을 찾기 위한 실마리를 풀어가는 훌륭한 소재가 된다. 예를 들어,

- A + B 형태에서의 최소값 : "삼각형의 두 변의 길이의 합은 나머지 한 변의 크기보다 크다."

- A × B= C × D 형태의 증명 : "닮은 삼각형에서 대응하는 두 변의 길이의 비는 같다."

※ 문제가 잘 안 풀릴 경우, 논리적인 접근방법

  i) 주어진 조건 중 이용하지 않은 조건이 있는지 확인한다. - 주어진 조건들 모두 이용 한다.

  ii) 현재 밝혀진 조건 이외의 다른 조건이 더 있는지 내용 형상화 과정을 다시 점검한다.

    - 문맥상에 숨겨져 있거나, 용어의 정의에 함축된 조건들을 빠트리지 않았는지 점검한다.

  iii) 현재 고민하고 있는 내용이 목표와 방향성이 맞는지 확인한다.

  iv) 관련이론에 대한 자신의 이해를 다시 점검한다.

    - 관련 이론의 원리에 대한 이해 부족으로 인해, 변화된 상황에서의 적용이 어려울 때가 많다.

고려 사항 :

① 이 단계에서 가장 많이 범하는 오류 중 하나는 선입견을 가지고 문제를 풀려고 하는 것이다. 즉 이미 유사한 문제를 경험해 본 경우, 우선 그 방식을 적용해 빨리 풀려고 하는데, 의도와는 달리 미궁에 빠지기 쉽다. 그것은 조급한 마음은 주어진 내용의 정확한 분석과정 없이, 자신이 경험했던 유사한 패턴을 적용하여 쉽게·빨리 문제를 풀려고 시도하는 데서 기인 한다. 그리고 한번 빠지면 벗어나기가 좀처럼 쉽지 않다. 그럴 경우 다시 초심으로 돌아가 표준문제해결과정을 따라 문제를 다시 접근하는 것이 필요하다.

② 적용 Tip : 원론적인 접근방향에서 벗어나 보자

위의 이론 적용 절차는 논리적인 사고훈련을 위해서 가장 익숙해져야 할 연역적인 접근 방향에서 기술되었다. 그러나 특정 문제의 경우 다른 접근방향을 더 효과적일 경우가 있다.

 i) 특정 이론을 적용하기에 변수가 너무 많을 경우 :

경우의 수가 적은 변수를 기준으로 Case 분리를 함으로써, 변수의 개수를 줄일 수 있다.

ii) 귀류법 : 결론을 부정하면 그 명제의 가정도 모순됨을 보여 그 명제가 참일 수 밖에 없다는 것을 증명하는 방법으로 원명제와 동치인 대우명제를 증명하는 과정이라 할 수 있다.

→ 직접적인 대상 집합이 눈에 보이지 않을 경우, 그 여집합에 해당하는 내용을 규명함으로써 그 대상의 내용을 확정하려 할 때 유용하다.

iii) 귀납법적인 접근 : 개별적인 특수한 사실·원리로부터 일반적인 명제를 끌어내는 방법

→ 수학적 귀납법 : 초기값이 참 & {P(n)이 참 → P(n+1)이 참} - P(n)은 참

iv) 틀에 관한 문제 :

적어도, 최소한의 개수 등에 관한 문제는 비둘기집(바스켓) 관련 정리를 생각해 본다.

표준문제해결과정 - 계획 및 실행

주요 원리 : 앞선 과정에서 정해진 일들을 대상으로 가장 효율적인 실행을 도모한다.

적용 과정 :

① 해야 일들의 우선 순위를 정한다.

② 순서에 따라 실행한다.

고려 사항 :

① 수학문제를 푸는 경우, 이 과정은 대부분 계산에 해당되므로, 내용적으로는 단순하다. 그런데 의외로 비효율적인 실행순서 및 성급함으로 인해, 실수가 많이 발생하는 경우가 많다. 그리고 그 내용을 직시하지 않음으로써 개선을 위한 행동변화가 따르지 않고, 그에 따라 지속적으로 같은 문제가 재현되는 경우가 많다. - 쉬운 원인은 자주 발생한다. 그래서 쉬운 원인을 해결하면, 결과에 많은 향상을 줄 수 있다.

※ 이러한 표준문제해결과정은 기본적으로는 논리적인 사고의 흐름을 훈련하기 위한 프레임이므로 수학문제 뿐만 아니라 일상의 문제를 해결하는 경우에도 규모만 다를 뿐 같은 원리를 똑 같이 적용할 수 있다. 그런데 사회문제의 경우 규모에 따라 시간도 많이 걸리고 관련된 사람도 많게 되므로 계획 및 실행과정이 별도의 큰 일이 된다. 그래서 이를 위한 확장된 관리기법이 사용되고 있는데, 그것이 바로 프로젝트관리방법론이다.

표준문제해결과정의 형상화

- 표준문제해결과정은 문제를 가장 쉽게 푸는 방법이다.

1. 내용형상화(V)

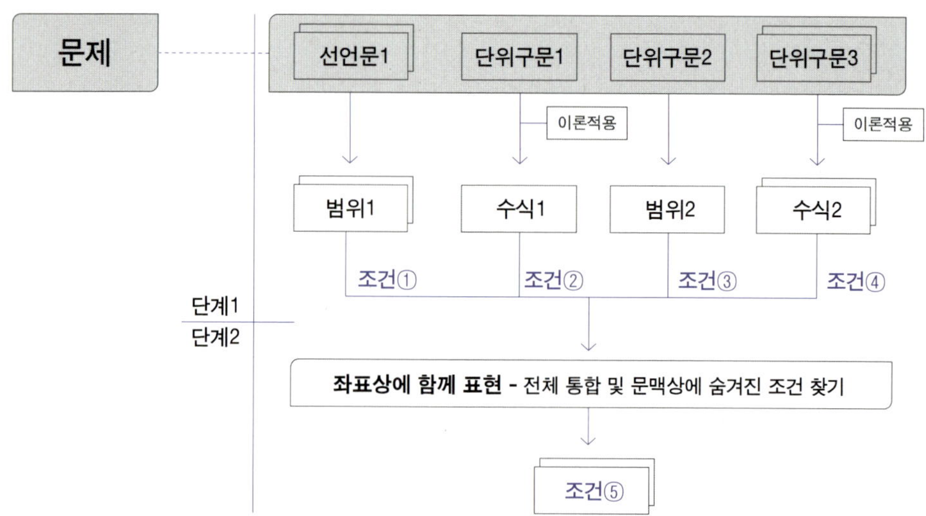

2. 목표구체화(T)

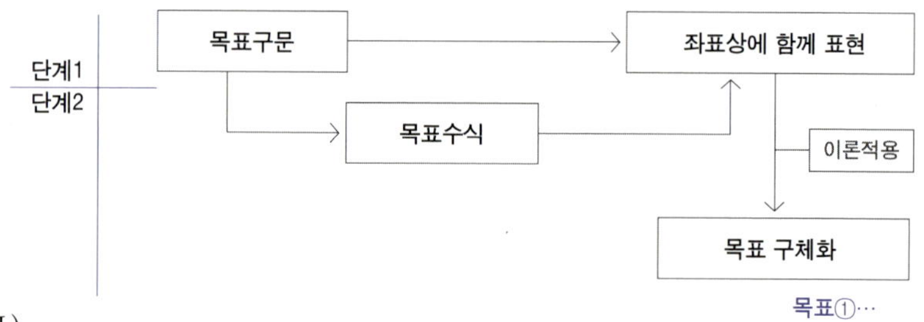

3. 이론적용(L)

밝혀진 조건들(①②③④⑤……)을 실마리로 하여, 구체화된 목표를 구하기 위한 적용이론들을 찾는다.

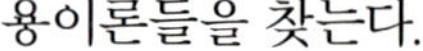

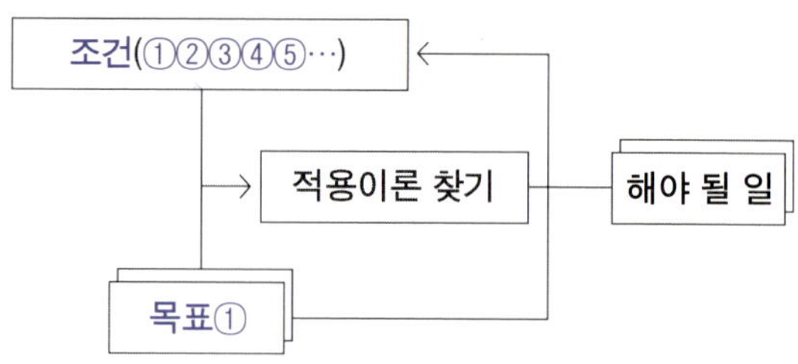

4. 계획 및 실행(M)

효율적인 작업을 위한 일의 우선순위 설정 및 실행

이론학습 및 문제풀이를 통한 논리 사고력 훈련

: 표준문제 해결과정 - 논리적 사고의 흐름

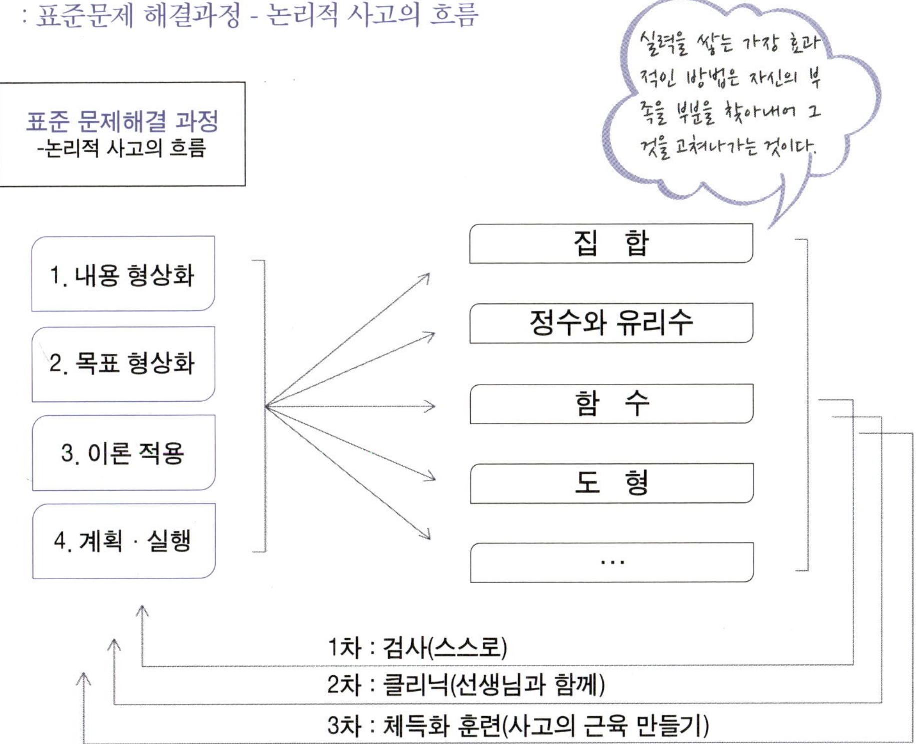

　　이러한 논리적 접근을 통한 문제해결과정은 학문적으로 꾸준히 연구되고 있는 분야 이다.

　　대표적인 학자로는 헝가리의 수학자 폴리야(George Polya, 1887~1985)를 들 수 있다. 그는 저서 How to Solve it - New Aspect of Mathematical Method (Princeton University Press, 2004) 에서 이러한 내용을 다루고 있는데, 그 내용이 이 책에서 다루고 있는 내용과 큰 맥락을 같이 하고 있다고 하겠다.

실마리가 잘 안 풀릴 때

1) 주어진 내용을 모두 형상화했는지 점검한다. (정확한 문제 내용의 이해)

  - 필요에 따라 문장을 식으로, 식을 그래프로, 그리고 종합하여 표현해야 한다.

  - 종합하여 표현할 경우, 문맥상에 숨어있는 조건들을 손쉽게 찾아낼 수 있다.

  - 겉으로 표현된 내용 뿐만 아니라 용어의 정의 자체가 내포하고 있는 조건들도
    활용해야 한다.

2) 실마리를 찾기 위한 정보로서 형상화된 내용이 모두 이용되었는지 점검한다.
정제된 문제일 수록, 문제에 표현된 모든 내용들은 나름대로의 주어진 이유가 있
다. (표현된 모든 정보의 이용)

  - 주어진 변수가 자연수일 경우, 분수 및 곱셈의 형태를 취하면 대상 값의 범위
    를 한정시킬 수 있다.

  - 단순 선언문과 같이 특정한 식의 형태로 주어진 값이 0이 아니라면, 그만한
    이유가 있다. 형태로부터 왜 그렇게 주어졌을 지를 생각하면, 접근 방향을 좁
    힐 수 있다.

3) 올바른 적용이론의 선택은 문제에 주어진 조건들과 연관하여 생각하여야 한다.
즉 내용상에 힌트가 있는 경우가 많다(문제 자체에 실마리가 포함되어 있다).

  - 도형상에 중점이 표시되어 있다면, 중점연결정리와 같이 중점 관련된 이론을
    적용할 방법을 찾아본다.

  - 두 직선의 길이의 합에 대한 대소 및 범위 비교는 삼각형의 관련 정리와 연관
    된 경우가 많다.

  - 특별한 조건이 주어지지 않은 두 값의 합에 대한 범위 값에 관한 문제는 산술
    평균·기하평균·조화평균에 관련된 경우가 많다.

4) **주어진 내용의 특수한 형태가 왜 만들어 졌는지 생각해 본다.** (특수한 형태가 가지는 이유)

  - 계산된 결과가 아닌 과정의 형태로 문제식이 주어졌다면, 그 자체가 답을 풀어가는 실마리가 된다.

5) **문제를 풀어 가는 방법에는 항상 연역적으로 단계를 밟아가는 방법만 있는 것이 아니다**(목적지에 가는 방법은 여러 가지가 있다). **생각의 방식을 바꾸어 보자.**

  - 귀류법 : 결론을 부정하면 그 명제의 가정도 모순됨을 보여 그 명제가 참일 수 밖에 없다는 것을 증명하는 방법

    → 직접적인 대상 집합이 눈에 보이지 않을 경우, 그 여집합에 해당하는 내용을 규명함으로써 그 대상의 내용을 확정하려 할 때 유용하다.

  - 귀납법적인 접근 : 개별적인 특수한 사실·원리로부터 일반적인 명제를 끌어내는 방법

    → 수학적 귀납법 : 초기값이 참 & $P(n)$이 참 → $P(n+1)$이 참 → $P(n)$은 참

  - 틀에 관한 문제 : 적어도, 최소한의 개수 등에 관한 문제는 비둘기집(바스켓) 관련 정리를 생각해 본다.

03. 자기주도학습능력의 훈련

❶ 표준자기주도학습과정

표준학습과정 - 자기주도 학습훈련

〈학생1〉 이론 이해능력 적용훈련 : 이론 예습과정 (표준이론학습과정 참조)
→ 자기주도 학습훈련1 : 단계별 이론 이해능력 체득화 훈련

〈수업1〉 이론 학습과정
: 학생의 이론 예습내용 중 어려웠던 부분을 참고하여, 수준별·단계별로 아이들에게 이론의 개념과 원리를 설명하고, 예제를 통해 기본적인 습득훈련을 한다.

〈학생2〉 문제해결능력 체득훈련 : 문제 풀이과정 (표준문제해결과정 참조) → 자기주도 학습훈련2 : 단계별 문제해결능력 체득화 훈련
① 각자의 단계에 따라 지정된 문제들을 푼다. 이때, 코칭시 지적된 부분들을 상기하여, 같은 실수를 반복하지 않도록 유의하는 것이 중요하다.
　　이 과정은 1차적으로는 자신의 부족한 부분을 반복훈련을 통해 자기 것으로 체득화하기 위한 것이며, 2차적으로는 새로운 부족부분을 찾아내기 위함이다.
② 1차 채점을 한 후, ☆문제에 대해, 표준문제해결과정에 준하여, 지정 연습장에 다시 풀어본다. 표준문제해결과정 적용을 통해, 잘못된 부분을 발견했을 경우, 왜 그러한 잘못이 일어났었는지 찾아낸다. 그래야만, 같은 잘못이 반복 되지 않는다. 정확한 인식없이 그냥 넘어간다면, 그 잘못은 또 일어날 것이다.
③ 2차 채점을 하여, 또다시 틀린 문제에 대해, ☆☆를 표시한다.

〈수업2〉 문제 해결능력 코칭과정 : 틀린 문제의 클리닉 과정을 통해, 관련 이론에 대한 이해 및 논리적인 문제해결과정 중 학생들이 부족한 부분을 찾아내고 설명한다.
→ ☆☆문제에 대해, 왜 학생이 그 문제를 틀리게 되었는지, 표준문제해결과정에 준해 논리적인 사고의 과정을 점검하고, 그 발생원인을 찾는 과정을 통해 학생 스스로 무엇이 부족했었는지를 인식시킨다. (단순히 답을 풀어주는 것은, 학생들이 자신의 잘못된 사고과정을 인지하기 보다는 하나의 풀이패턴을 외우게 하기 쉽다.)

〈수업3〉 문제해결능력 체득화 기본훈련과정 : 코칭을 통해 발견된 부족한 부분을 스스로 재인식하고, 자기 것으로 만들기 위한 기본훈련을 한다.
① 설명이 완료된 ☆☆문제에 대해, 문제해결과정 중 자신이 부족했던 부분을 상기하며, 다시 스스로 풀어본다.
② 이해가 부족했던 이론 부분에 대한 복습하기 : 표준이론학습과정 참조

효과적인 이론학습:

새로운 이론도 외우는 것이 아니고 논리적으로 이해할 수 있도록 해야 한다.

- 표준이론학습과정을 기준으로 이론에 대한 자기주도학습 능력향상

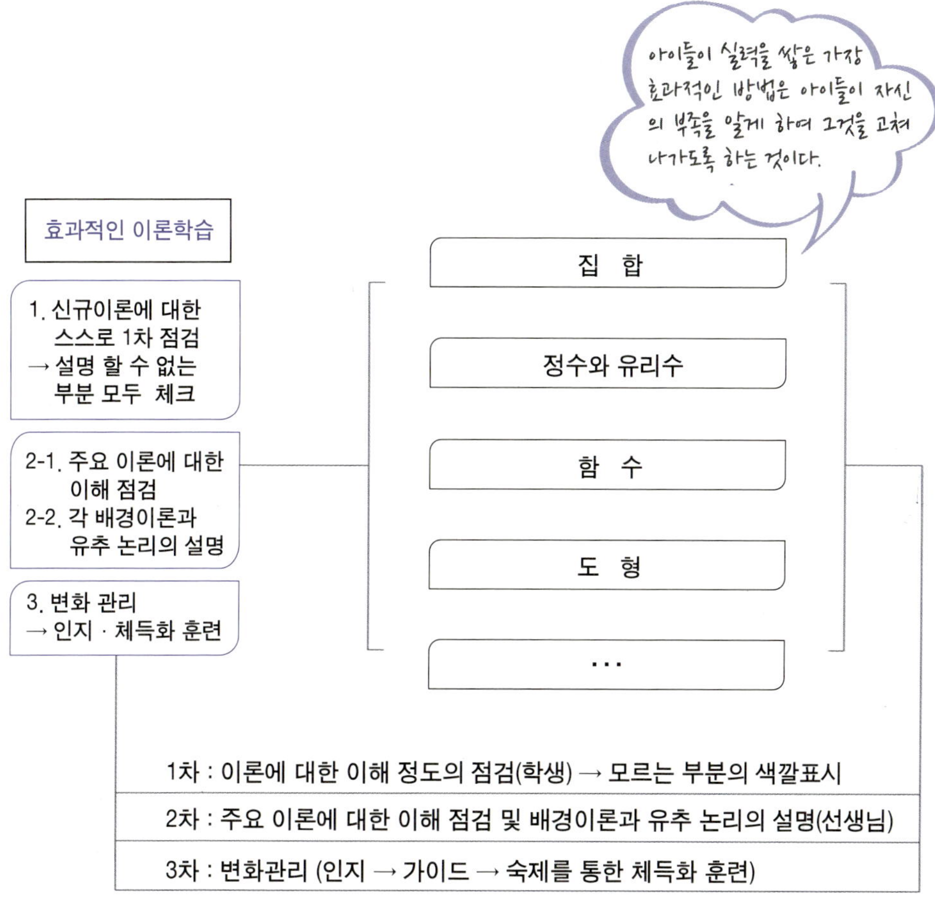

※ 이론수업에서의 선생님의 역할

- 표준이론학습과정을 기준으로 아이들이 어려워 하는 부분을 찾아낸다.

- 왜 그러한 어려움이 야기되었는지 그 원인을 파악한다. 대표적인 원인으로는

→ 주어진 조건들과 연관된 배경이론을 찾지 못한다.

→ 용어의 정의 자체에 함축되어 있는 조건들을 이용하지 않는다.

→ 논리적으로 유추하려 하지 않고 그냥 외우려 든다.

- 파악된 원인에 대해, 아이들이 스스로 인지하도록 하고, 재발방지를 위해 어떤 변화가 필요한 지 깨닫도록 한다.
- 효과적인 변화의 방법을 가이드하여, 아이들이 훈련을 통해 변화를 체득화 할 수 있도록 한다.

효과적인 문제해결방법 학습 :

다양한 문제풀이를 통한 사고의 과정 점검

- 표준문제해결과정을 기준으로 부족한 부분 찾아내기

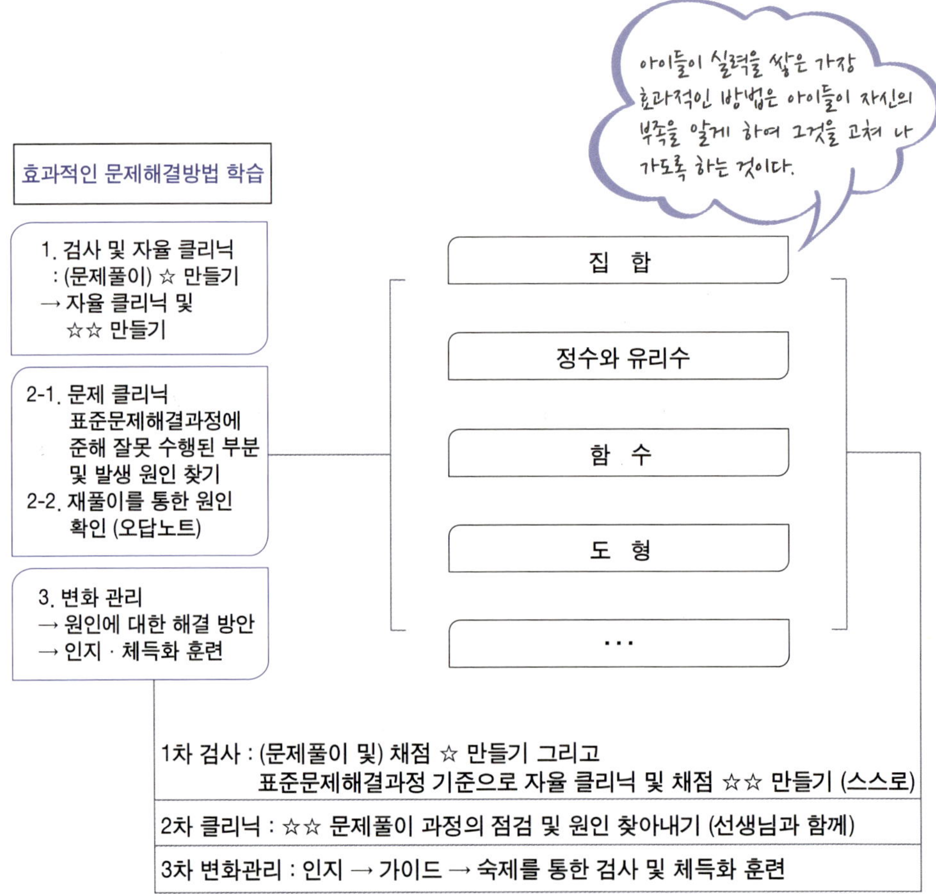

※ 문제해결수업에서의 선생님의 역할

- 표준문제해결과정을 기준으로 아이들이 잘못하고 있는 부분을 찾아낸다.

- 왜 그러한 잘못이 야기되었는지 그 원인을 파악한다. 대표적인 원인으로는

  → 단순 암기로 인해 이론에 대한 이해가 부족하여, 주어진 내용의 형상화를
     잘 못한다.

  → 빨리 답을 구하려는 마음이 앞서, 주어진 조건들을 모두 활용하지 못하
     고, 눈에 띄는 하나의 조건에 매달린다.

  → 용어의 정의 자체에 함축되어 있는 조건 등 문맥상에 숨겨진 있는 조건들
     을 잘 이용하지 못한다.

  → 논리적으로 생각하는 습관이 들지 않아, 단순히 풀이 방법을 외우려 한다.

- 파악된 원인에 대해, 아이들이 스스로 인지하도록 하고, 재발방지를 위해 어
  떤 변화가 필요한 지 깨닫도록 한다.

- 효과적인 변화의 방법을 가이드하여, 아이들이 훈련을 통해 변화를 체득화
  할 수 있도록 한다.

❷ 표준 클리닉 과정 : ☆/☆☆ - 문제에 대해 나에게 부족한 부분 체크 및 그것이 발생한 원인 찾아내기

① 내용의 형상화 : 세분화 및 도식화 문제 내용의 명확한 이해를 통해 현재 나에게 주어진 조건들이 무엇 무엇인지를 찾아낸다.

→ **형상화 부족** : 관련이론의 이해 부족으로 주어진 단위문장을 도식화하지 못한 경우

1 ✔	형상화 부족
2	목표 상실
3-1	모든 조건을 이용하지 않음
3-2	적용이론에 대한 이해 부족
4	실행 실수

② 목표의 구체화 : 구하는 것 확인 및 그에 따른 필요한 것 도출 형상화된 목표를 통해 내가 가야 할 방향을 설정하고 그에 따라 필요한 것을 찾는다.

→ **목표에 대한 구체화 부족** : 고민의 범위가 너무 넓은 경우

③ 이론 적용 : 적용이론(길) 찾기

목표에 도달하는 수 많은 방법 중, 현재 주어진 상황에 적합한 방법(길·이론)을 찾는다. 난이도에 따라 단계적 이론 적용이 필요한 경우도 발생한다.

1	형상화 부족
2	목표 상실
3-1 ✔	모든 조건을 이용하지 않음
3-2	적용이론에 대한 이해 부족
4	실행 실수

→ 3-1. **모든 조건을 이용하지 않음** : 주어진 모든 조건을 이용하지 않음에 따라, 현재 상황에 맞지 않는 이론(길)을 선택한 경우

→ 3-2. **적용이론에 대한 이해 부족** : 관련 이론에 대한 원리의 이해 부족으로 인해 변화된 환경에서의 적용이론을 찾지 못하는 경우

④ 계획 및 실행, 그리고 정리 : 실행순서 및 변경관리

우선순위 및 효과적인 실행방법을 가지고 할 일에 대한 순서 및 시간계획을 세우고, 실천에 따른 변경관리를 수행한다.

→ 비효율적인 실행방법의 선택 및 단순 계산 실수

- 마무리 : 새롭게 알아낸 내용(길)을 반영하여 자신의 지식지도를 확장한다. 그리고 어느 과정에서 자신이 반복적으로 실수를 하는 지 인지하여, 다음 문제 풀이 시 반영토록 한다.

◆ 이 클리닉 과정에서 중요한 점은 같은 실수를 반복하지 않기 위해서 어떻게 행동·사고의 변화를 할 것인가를 찾는 것이다. 즉 생각상의 원인을 찾는 것보다 한 단계 더 나아가야 한다. 예를 들어 관련이론의 이해부족이라는 원인이 나왔다면, 단순히 원인을 생각하는 것에 그칠 것이 아니라.

1차적으로는 이 기회에 관련이론을 다시 공부하여 구체적인 지식지도를 바로 잡아야 할 것이며, 2차적으로는 그러한 원인을 발생시킨 현재 자신의 이론공부 방법에 어떤 문제가 있는지 살펴보아야 하는 것이다. 단순히 외우지 않았는지, 선생님의 설명을 듣고 기본적인 이해(10% 또는 50%)는 하였으나 추가적인 노력을 게을리하여 온전히 이론의 내용을 나의 것으로 만들지 못했는지 알아차려야 하는 것이다. 그리고 다음 이론 공부 시 그러한 깨달음을 실천에 옮겨야 하는 것이다. 즉 실질적인 변화는 구체적인 실천을 통해서만 만들어 진다는 것을 명심하여야 한다.

문제풀이 과정을 통한 이론 이해 단계의 발전모습

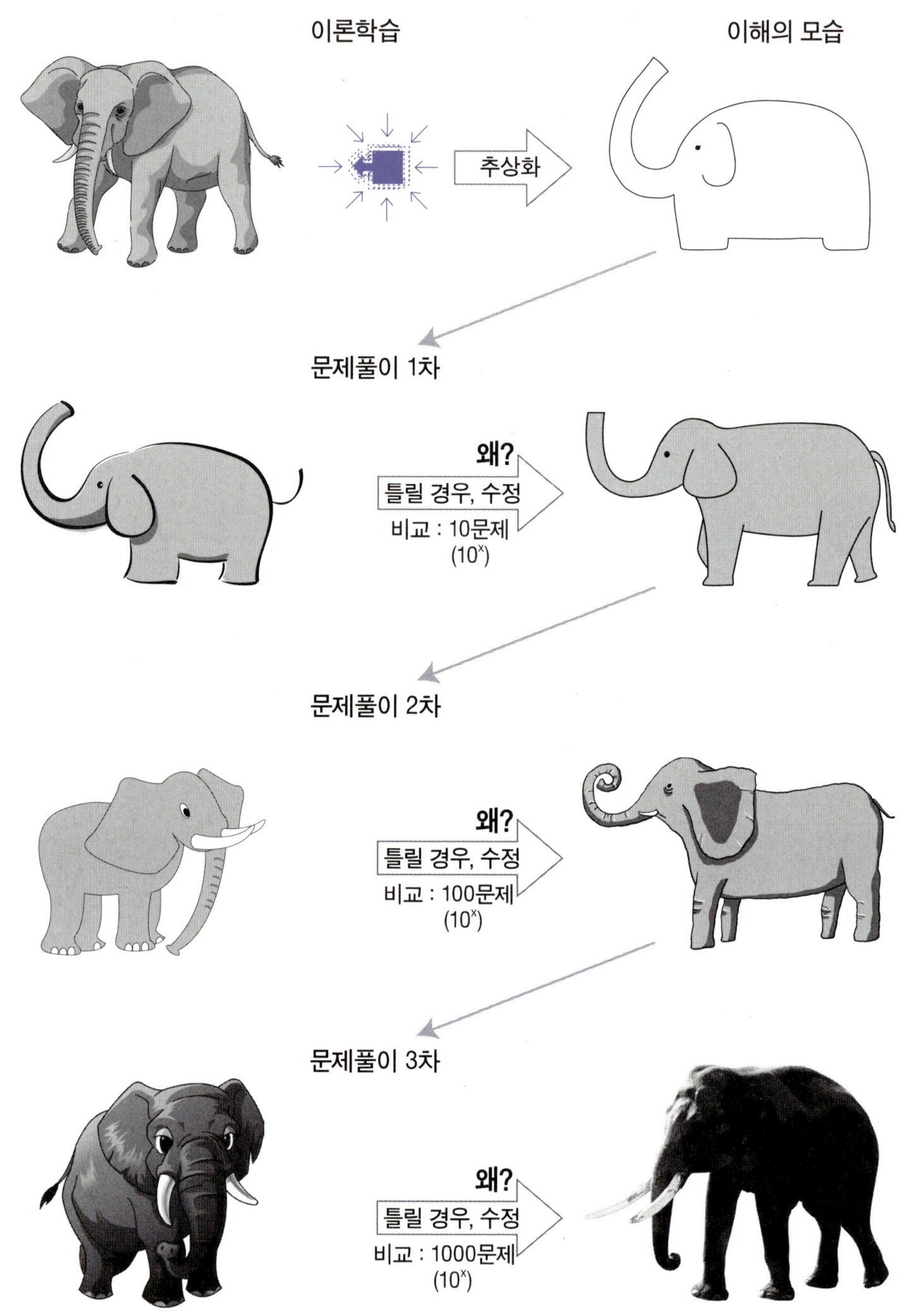

❸ 비유를 통한 능력향상을 위한 표준학습과정의 이해

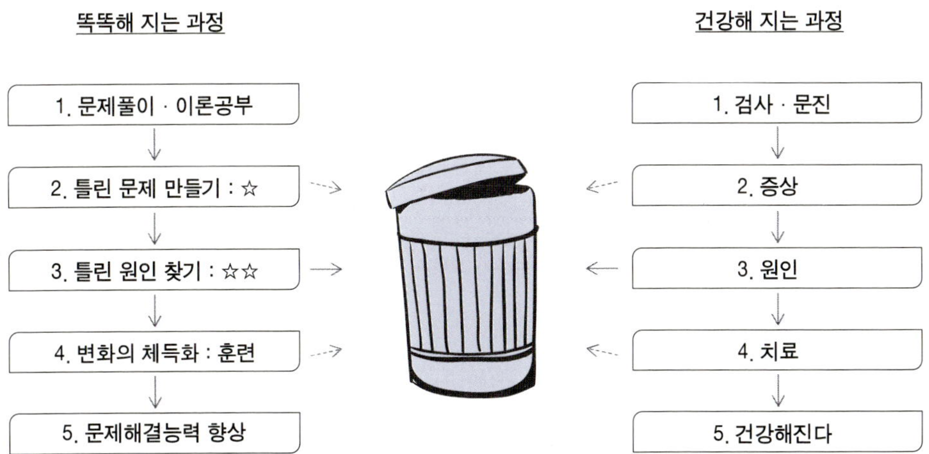

1. 문제풀이 · 이론공부 : 자기주도학습

2. 틀린 문제(☆)의 규명 : 시험 볼 때와 공부할 때 의 차이

- 아이들은 문제가 틀리면 스트레스를 받고 그것을 감추려고 한다. 그러나 이 점에 대한 인식에 변화를 주어야 한다. 시험에서 점수가 낮다는 것은, 자신의 현재 능력이 기준에 미달되는 것을 뜻하므로 창피한 일이 될 수 있다. 그래서 평소에 자신의 능력을 키우기 위해서 우리는 공부를 하는 것이다. 그런데 실력향상을 위해서는 자신의 부족한 점을 찾아내어 그것을 개선시켜야만 한다. 그러면 평소 공부할 때 어떻게 자신의 부족한 점을 찾아낼 것인가? 우리는 그것을 위해 일종의 검사를 하고, 나타난 증상을 통해 원인을 찾음으로써, 비로서 자신이 개선해야 할 부족한 점을 찾아내게 되는 것이다. 즉 평소 공부할 때, 어떤 문제를 틀렸다는 것은, 능력향상을 위한 구체적인 기회를 가졌다는 것을 의미하므로 그것에 대해 스트레스를 받는 것이 아니라, 다행이라 생각해야 할 것이다.

3. ☆☆에 대해 틀린 원인 찾기

- 원인을 찾지 못하고, 증상만을 없애기 위해서 치료를 받는다면 (정답을 외운다면) 같은 현상은 재발될 것이다.

- 그렇네요 vs 아하! vs 스스로 해결 의 차이 :

선생님의 설명을 듣고, 그렇네요 라고 답한다면 스스로 판단하려는 노력을 해 본 것이 아니라 단순히 단순히 선생님의 판단이 이해가 간다는 뜻이므로 그냥 답을 외운 것보다 조금 나은 수준이 된다. 그래서 약 10% 정도만 자기 것으로 만들었다고 볼 수 있다.

선생님의 설명을 듣고, 아하! 라고 답한다면 스스로 생각해본 판단기준과 비교해서 잘못된 점을 찾았다는 것이므로 50% 정도의 추가 노력을 기울이면 자기 것으로 만들 수 있다는 것을 뜻한다. 만약 스스로 틀린 원인을 찾아 해결했다면 약 80% 정도 이해한 것으로 볼 수 있다.

4. 집중적인 노력을 통한 변화의 체득화 : 사고의 근육 만들기

5. 결과 : 문제해결능력 향상

→ 1~4까지의 전체 과정이 온전히 실행되어야 비로서 결실을 얻을 수 있다. 중간의 한 과정이 빠진다면, 제대로 된 결과를 기대할 수 없게 된다. 공부를 열심히 하려는 의지를 가진 있는 학생들에게서 조차도 3,4번의 과정을 소홀히 대함으로써 앞의 1,2 과정 동안의 노력을 낭비하게 되는 경우를 많이 볼 수 있었다.

→ 시험 볼 때와 달리, 공부할 때는 문제가 틀렸다고 스트레스를 받을 필요가 없다. 오히려 틀린 문제를 찾지 못한 다면 능력을 향상시킬 수 있는 기회를 발견하지 못한 것이므로 그것이 더욱 큰 문제이다. 그런데 틀린 문제를 통해 발생원인을 찾지 못한다면, 그것은 화가 나는 일이 된다. 왜냐하면 시간(비용)을 투자하고도 능력향상을 위한 기회를 얻지 못한 것과 마찬가지기 때문이다.

올바른 자기주도학습과정의 모습

1. 이론학습의 올바른 방향을 이해하고, 효과적인 이론학습을 위한 훈련 기준이 될, 표준이론학습과정을 익히고, 그것을 자신의 것으로 체득화한다.
   논리적인 사고력 훈련을 위한 기준이 될 표준문제해결과정을 익히고, 그것을 자신의 것으로 체득화 한다.
2. **표준이론학습과정에 의거하여 각 이론을 공부하고,** 이론의 이해에 대한 자신의 1차 이미지를 마련한다.
3. 자신의 레벨에 맞는 문제들을 대상으로 **표준문제해결과정에 기반한 문제풀이를 함으로써** 단계적인 논리 사고력 훈련을 한다.
4. 틀린 문제를 대상으로 **표준클리닉과정을 수행하여**, 현재 자신의 논리적인 사고과정과 더불어 이해가 부족한 이론 부분을 찾고, 필요한 사고변화와 이론 보완을 통해자신의 논리적인 사고과정 및 해당 이론의 이해단계를 높여 나간다.

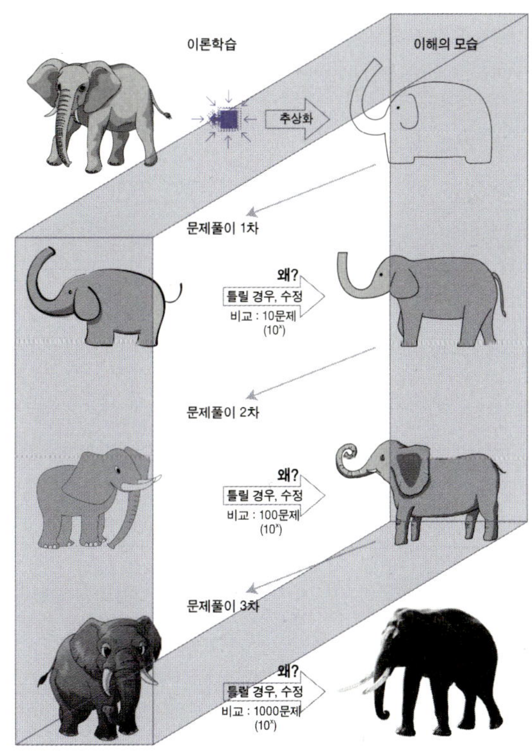

02 part

자기주도학습체계의 적용을 통한 자기주도학습능력의 향상

❶ 표준이론학습과정의 적용

Case 1. 중2과정 - 도형 : 이등변삼각형의 두 밑각은 서로 같다.

개요) 위 이론의 내용은 매우 간단하지만, 아이들에게 왜 그런지 물어보면 올바로 대답하는 경우가 많지 않다. 그것은 아이들은 이 이론을 그냥 외웠기 때문이다. 또는 수업시간에 그 과정을 선생님이 비록 설명하여 그 당시는 이해한 것으로 생각되었지만, 스스로의 논리적인 사고를 통해 풀어간 것이 아니라, 선생님의 사고과정을 그냥 쫓아가 본 것에 불과하므로, 시간이 지나 잊어먹은 것이다.

이제 위의 내용을 어떻게 논리적으로 이해해 볼 것인가를 표준이론학습과정에 맞추어 진행해 보도록 할 것이다.

1. 내용 형상화 : 용어의 정의 및 조건 그리고 결론에 대한 명확한 이해

① 가정과 결론의 구분 : $p \rightarrow q$

- 가정(p) : 이등변삼각형

- 결론(q) : 두 밑각은 서로 같다

② 형상화

- $\overline{AB} = \overline{AC} \rightarrow \angle B = \angle C$

③ 주어진 조건 찾기

- 이등변삼각형의 정의 : 두 변의 길이가 같다 - ❶

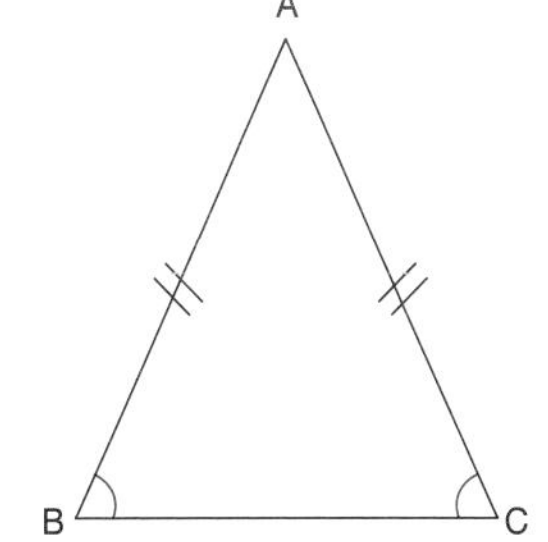

2. 목표구체화

- $\angle B = \angle C$

3. 솔루션 찾기 - 이론의 연결 : 도출과정 및 모르는 부분 찾기

- 목표를 기준으로, 주어진 조건들을 실마리로 하여 관련된 배경이론 찾기

① $\angle B$ 와 $\angle C$ 가 같음을 증명하려면, 각에 대한 다른 정보가 주어져 있지 않으므로, 두 각을 포함하는 닮은 삼각형이나 합동인 삼각형을 찾아야 할 것이다.

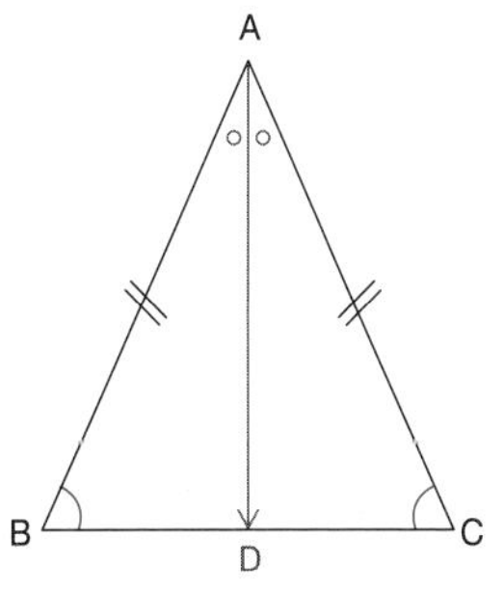

그리고

② 주어진 조건 ❶을 이용하려면, 두 각 및 두 변을 각각 포함하는 삼각형을 찾아야 할 것이다. 쉽게 예측할 수 있는 두 삼각형은 꼭지점 A에서 선분 BC에 선분을 내려 내부에 두 삼각형을 만드는 것이다.

③ 한 변과 한 각을 포함하는 합동조건으로서 ASA 또는 SAS를 생각할 수 있는

데, ASA를 적용하려면 서로 같은 양 끝각을 찾아야 하는 데 용이하지 않으므로, SAS를 이용할 방법을 찾는다. 그러기 위해서 ∠A를 이등분하는 선분을 대변 BC에 내린다.

④ △ABD ≡ △ACD (SAS 합동)임을 보여, 두 각 ∠B 와 ∠C 가 같음을 보인다.

4. 계획 및 실행 : 과정의 실행 및 이론의 연결

① 증명과정의 실행 : 과정 3을 통해 밝혀진 내용의 순차적 실행

② 신규이론과 배경이론의 연결 : 삼각형의 합동조건을 이용한 이등변삼각형의 성질 도출

- 이 과정을 통해 주어진 사실들을 이용하여 논리적으로 실마리를 찾아가는 사고 훈련

- 기존 원리의 반복적용을 통한 숙지 및 신규이론에 대한 개념과 원리의 명확한 이해

- 이론의 연결을 통한 자신의 지식지도의 확장

Case 2. 중2과정 - 도형 : △ABC 에서 ∠B 의 이등분선과 대변 AC의 교점을 D라 할 때, AB : BC = AD : DC 가 성립한다.

개요) 위 이론은 삼각형의 특수성 때문에 성립하는 내용이지만, 그 결과가 직관적으로 다가오지는 않는다. 그래서 많은 학생들이 설명을 들을 때는 아 그렇구나 하고 이해하는 듯 하지만, 머리 속에서 쉽게 상상이 되지 않는 만큼, 시간이 지남에 따라 쉽게 잊어먹기 일쑤다. 그래서 실전문제에서 제대로 활용하는 경우가 매우 드물다.

이제 위의 내용을 어떻게 논리적으로 유추해 나갈 것인가를 표준이론학습과정에 맞추어 진행해 보도록 할 것이다.

1. 내용 형상화 : 용어의 정의 및 조건 그리고 결론에 대한 명확한 이해

① 가정과 결론의 구분 : p → q

- 가정(p) : △ABC, ∠B 의 이등분선과 대변 AC의 교점 D

- 결론(q) : AB : BC = AD : DC

② 형상화

우측의 그림

③ 주어진 조건 찾기

- ∠ABD = ∠DBC - ❶

- 결론에 사용된 선분들 : 선분 AB, BC, AD, DC - ❷

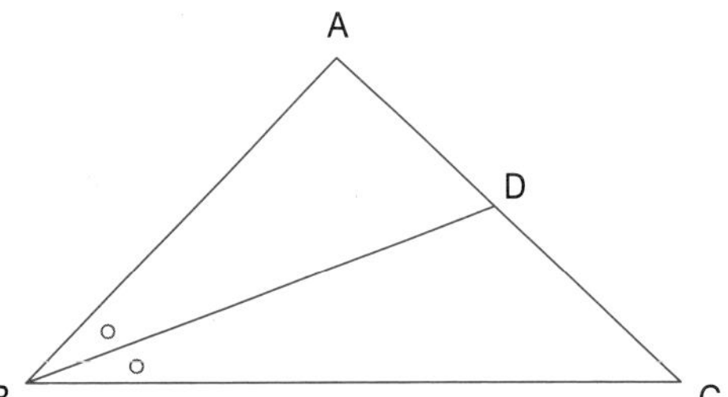

2. 목표구체화

- AB : BC = AD : DC 은 닮은 삼각형의 대응하는 변의 비가 같다는 것과 같은 형태를 취하고 있으므로, 여기에 주어진 선분들을 이용하는 닮은 삼각형을 찾는 것이 필요하다.

3. 솔루션 찾기-이론의 연결 : 도출과정 및 모르는 부분 찾기

- 목표를 기준으로, 주어진 조건들을 실마리로 하여 관련된 배경이론 찾기

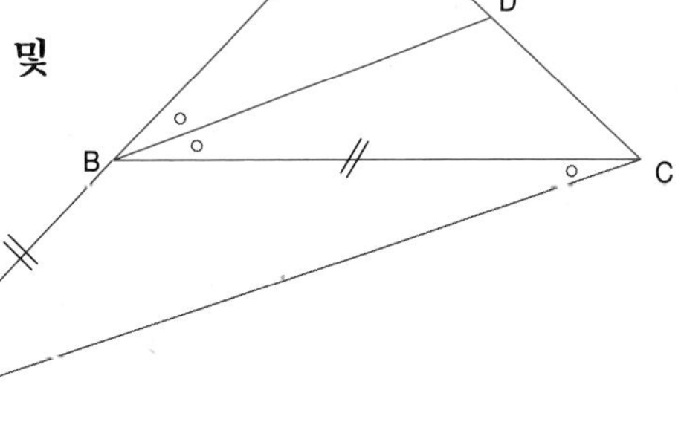

① 닮은 삼각형이란 일정한 비로 확대·축소를 한 것이므로 포개놓으면 큰 삼각형 안에 포함된 작은 삼각형의 모습이 되며, 이때 대응하는 변은 평행하거나 겹치게 된다. 그런데 현재 형상화된 삼각형 내에서는 주어진 선분을 이용

하는 그러한 삼각형을 만들기 어려우므로 주어진 조건 ❶을 실마리로 하여 외부로 한 변에 평행한 삼각형을 만들어 본다.즉 점C를 지나고 선분 BD 평행한 에 직선을 긋고 선분 AB의 연장선과의 교점을 E로 잡는다. 그러면

② ∠ABD = ∠AEC (∵ 동위각) ⇒ △ BEC는 이등변삼각형 ⇒ 선분BE = 선분BC

③ △ABD ∝ △AEC (AA 닮음) ⇒ AB : BE (= BC) = AD : DC

---

4. 계획 및 실행 : 과정의 실행 및 이론의 연결

　① 증명과정의 실행 : 과정 3을 통해 밝혀진 내용의 순차적 실행

　② 신규이론과 배경이론의 연결 : 각의 이등분선 정리를 위한 닮음과 평행선 정리의 연결 및 확장

- 이 과정을 통해 주어진 사실들을 이용하여 논리적으로 실마리를 찾아가는 사고 훈련

- 기존 원리의 반복적용을 통한 숙지 및 신규이론에 대한 개념과 원리의 명확한 이해

- 이론의 연결을 통한 자신의 지식지도의 확장

Case 3. 고1과정 - 함수 : 원점에서 직선 $ax + by + c = 0$ 까지의 거리는 $\dfrac{|c|}{\sqrt{(a^2 + b^2)}}$ 이다.

개요) 위 이론의 내용 또한 매우 간단하다. 그렇지만 대부분의 아이들은 그것을 이론 공식으로 외웠기 때문에 왜 그런지 물어보면 올바로 대답하는 경우가 많지 않다. 그에 따라 같은 사고과정을 따르는, 위 이론의 변형 및 확장 케이스를 다루는 문제에서는 많은 어려움을 겪는다. 외운 이론은 시간이 지나면 쉽게 잊게 된다. 또한 수업시간에 해당 과정을 선생님이 설명하여 이해한 것으로 생각되었던 것들 또한 쉽게 잊게 된다. 그것은 스스로의 논리적인 사고를 통해 풀어간 것이 아니라, 선생님의 사고과정을 그냥 쫓아가 본 것에 불과한 것이므로 외운 것과 크게 다르지 않기 때문이다.

이제 위의 내용을 어떻게 논리적으로 유추해 나갈 것인가를 표준이론학습과정에 맞추어 진행해 보도록 할 것이다.

표준이론학습과정

1. 내용 형상화 : 용어의 정의 및 조건 그리고 결론에 대한 명확한 이해

　① 가정과 결론의 구분 : $p \rightarrow q$

　　- 가정(p) : 원점과 직선 $ax + by + c = 0$

　　- 결론(q) : 거리 $= \dfrac{|c|}{\sqrt{(a^2 + b^2)}}$

　② 형상화

　　- 우측의 그림

　③ 주어진 조건 찾기

　　- 명시적 조건 : 원점 - ❶

　　- 명시적 조건 : 직선 $ax + by + c = 0$ - ❷

　　- 숨겨진 조건 : 한 점에서 직선까지의 거리의 정의 → 수직 - ❸

2. 목표구체화

　- 거리 $d = \dfrac{|c|}{\sqrt{(a^2 + b^2)}} \rightarrow$ 우측의 그림

　- 거리 d를 구하려면 필요한 것은 교점의 좌표 (p,q) 이다. 그러면 $d = \sqrt{p^2 + q^2}$

　($\because$ 피타고라스 정리)

3. 솔루션 찾기 - 이론의 연결 : 도출과정 및 모르는 부분 찾기

　- 목표를 기준으로, 주어진 조건들을 실마리로 하여 관련된 배경이론 찾기

　① 교점을 구하기 위해서는, 한 직선의 식을 알고 있으므로 원점(❶)을 지나는 수직인 직선이 식이 필요하다. 그런데

　② 직선을 결정하는 요소는 두 점 또는 한 점과 기울기라는 것을 알고 있다. 그

리고 수직인 두 직선의 기울기의 곱은 -1 이므로, 알려진 직선식 ❷로부터 기울기 -a/b를 구하면, 수직(❸)인 직선의 기울기는 b/a라는 것을 알아낼 수 있다. 따라서 수직인 직선의 방정식은 bx - ay = 0

③ 이제 두 개의 직선의 방정식을 연립하여 교점을 구하면,

p = -ac/(a² + b²), p = -bc/(a² + b²) 이 된다.

④ 이 교점을 이용하여, 피타고라스 정리에 의거해 거리 d를 구하면 된다.

$$d = \frac{|c|}{\sqrt{(a^2 + b^2)}}$$

4. 계획 및 실행 : 과정의 실행 및 이론의 연결

① 증명과정의 실행 : 과정 3을 통해 밝혀진 내용의 순차적 실행

② 신규이론과 배경이론의 연결 : 수직인 두 직선의 기울기의 곱과 피타고라스 정리를 이용한 한 점과 직선 사이의 거리 공식 유도

- 이 과정을 통해 주어진 사실들을 이용하여 논리적으로 실마리를 찾아가는 사고 훈련

- 기존 원리의 반복적용을 통한 숙지 및 신규이론에 대한 개념과 원리의 명확한 이해

- 이론의 연결을 통한 자신의 지식지도의 확장

◈ 이론의 연결을 통한 지식지도의 작성/확장 이미지

Case 1.

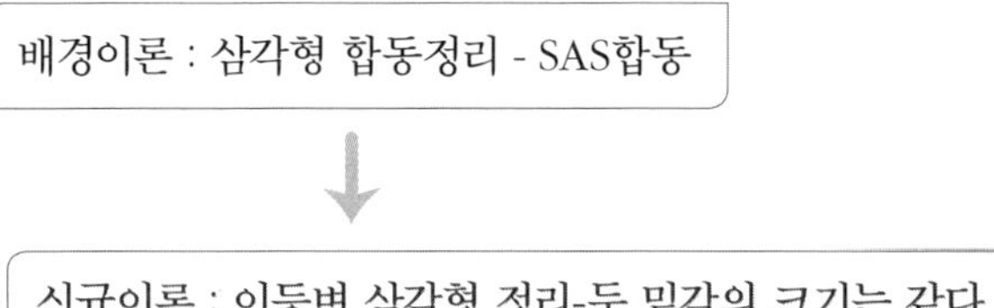

Case 2.

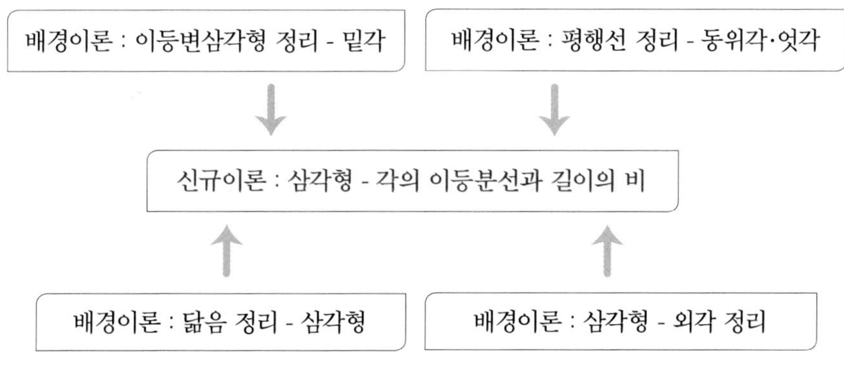

Case 3.

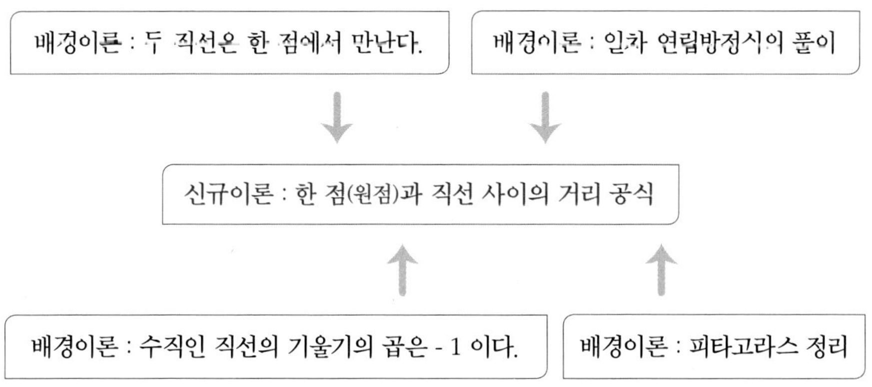

Case 4. 중1과정 - 수의 이해 :

　① 정수 : 양의 정수, 0, 음의 정수

　② 양의 정수 : 자연수에 양의 부호 + 를 붙인 수

　　음의 정수 : 자연수에 음의 부호 - 를 붙인 수

개요) 정수라는 새로운 개념에 대한 소개이다. 내용이 간단하다고 그냥 외운다면, 아이들은 이 개념의 변화나 확장시 어려움을 겪게 될 것이다. 따라서 외우기 보다는 왜 그러한 개념이 탄생하게 되었는지를 이해하여 자연스럽게 주어진 개념을 상상할 수 있는 것이 필요하다. 상상할 수 있다면, 그 내용은 자연스럽게 기억 될 것이기 때문이다. "百聞이 不如一見"이란 말 처럼, 읽거나 들은 것은 쉽게 까먹어도 본 것은 잘 잊혀지지 않기 때문이다.

이제 위의 내용을 어떻게 논리적으로 이해해 볼 것인가를 표준이론학습과정에 맞추어 진행해 보도록 할 것이다.

표준이론학습과정

1. 내용 형상화 : 용어의 정의 및 조건 그리고 결론에 대한 명확한 이해

　① 가정과 결론의 구분 : p → q

　　- 가정(p) : 자연수, 부호 (+, -)

　　- 결론(q) : 정수 = {0, 양의 정수, 음의 정수}

　② 형상화

　　- 우측의 그림

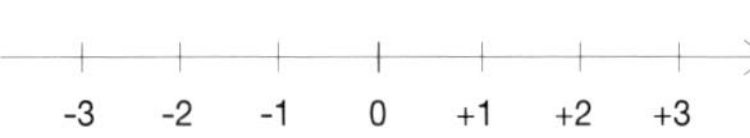

　③ 주어진 조건 찾기

　　- 명시적 조건 : 자연수의 이해 - ❶

- 명시적 조건 : 0의 이해 - ❷

- 명시적 조건 : 부호의 이해 - ❸

2. 목표구체화

- 정수 개념의 정확한 이해

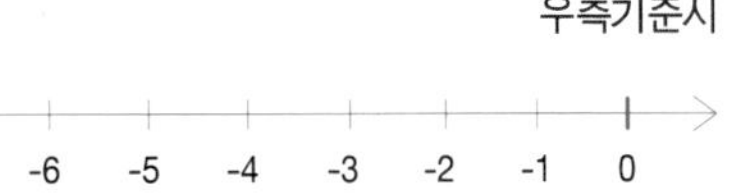

3. 솔루션 찾기 - 이론의 연결 : 도출과정 및 모르는 부분 찾기

- 주어진 조건들의 이해

① 자연수의 이해 : 셈을 위해 자연스럽게 만들어진 기본 수

② 0의 이해 : 없는 것이 아니라, 기준이 되는 점을 나타낸 수

③ 부호의 이해 : 기준점을 중심으로 양쪽 방향을 나타낸 수

→ +3 : 기준점을 중심으로 우측으로 3칸 만큼 간 지점을 나타낸 수

→ -5 : 기준점을 중심으로 좌측으로 5칸 만큼 간 지점을 나타낸 수

→ +3 - 5 : 기준점을 중심으로 우측으로 3칸 이동 후 좌측으로 5칸 이동한 지점을 나타낸 수

- 왜 그러한 개념이 탄생했는지에 대한 이해

① 평균과 같은 대표값을 기준으로 보면, 분포나 변화 정도를 쉽게 파악할 수 있기 때문에……

② 앞이 있으면 뒤가 존재하니까, 그것의 관점을 기준으로 있는 그대로 파악하고 싶어서……

③ ……

4. 계획 및 실행 : 과정의 실행 및 이론의 연결

① 이론의 개념 및 확장과정의 이해 및 적용 : 아이들에게는 낯선 음수연산에

대한 거부감 해소

② 신규이론과 배경이론의 연결 : 새로운 개념을 도입한 이론의 확장 토대마련

- 새로운 개념의 도입을 위해 주어진 개념들로부터 논리적으로 유추해가는 사고과정 훈련
- 기존 원리의 반복적용을 통한 숙지 및 신규이론에 대한 개념과 원리의 명확한 이해
- 이론의 연결을 통한 자신의 지식지도의 확장

Case 5. 중1과정 - 문자와 식: 분배법칙의 이해 $a \times (b + c) = a \times b + a \times c$

개요) 아이들은 숫자를 대신하여 사용된 문자, 즉 대수가 사용된 연산에 대해 많이 어려워한다. 가장 기본적인 이유는 숫자가 사용된 연산은 상상을 할 수 있으나, 문자가 사용된 연산은 잘 상상이 되지 않기 때문이라 할 수 있다. 위의 분배법칙은 내용이 매우 간단해 그냥 외워도 무방할 듯 보이나, 아이들이 어려워하는 부분을 해결하지 않고서는 자신감이 떨어져 이론의 변형과 확장적용에 자유로울 수가 없게 된다.

이제 위의 내용을 표준이론학습과정의 논리적인 접근방법을 통해 이론의 내용을 상상하게 함으로써 그러한 불안감을 해소해 보도록 할 것이다.

표준이론학습과정

1. 내용 형상화 : 용어의 정의 및 조건 그리고 결론에 대한 명확한 이해
① 가정과 결론의 구분 : $p \rightarrow q$
- 가정(p) : 대수문자 a, b, c, d 그리고 덧셈과 곱셈연산에 대한 이해
- 결론(q) : $a \times (b + c) = a \times b + a \times c$

② 형상화

- 각 문자는 숫자를 대신한 것이므로 구체적인 케이스를 가지고 사용된 연산의 내용을 이해해 본다

　　→ 3 × 2 = 3 + 3 = 2 + 2 + 2 : 3을 2번 더하거나 또는 2를 3번 더한 것

　　→ a × 2 = a + a = 2 + ⋯ + 2 (a번) : a를 2번 더하거나 2를 a번 더한 것과

　　　　같은데, 후자는 구체적으로 상상이 쉽지 않으므로 일단, 전자로 상상한다.

그리고 대수의 의미를 구체화할 수 있도록, a 대신 여러 가지 숫자를 넣어서 다시 한번 a × 2 의 의미를 생각해본다.

　　a × 3 의 의미를 상상해 본다 : a를 3번 더한 것

　　a × 4 의 의미를 상상해 본다 : a를 4번 더한 것

　　…

　　a × b 의 의미를 상상해 본다 : a를 b번 더한 것

　　a × c 의 의미를 상상해 본다 : a를 c번 더한 것

2. 목표구체화

　- a × b 의 의미 : a를 b번 더한 것

　- a × c 의 의미 : a를 c번 더한 것

　　→ a × b + a × c 의 의미 : a를 (b + c)번 더한 것

3. 솔루션 찾기 - 이론의 연결 : 도출과정 및 모르는 부분 찾기

　- 주어진 내용들의 구체적 이해를 통해 자연스럽게 결론을 도출

　① a × (b + c) : a를 (b + c)번 더한 것

　② a × b + a × c : a를 (b + c)번 더한 것

　　→ ∴ a × (b + c) = a × b + a × c

4. 계획 및 실행 : 과정의 실행 및 이론의 연결

　① 이론의 개념 및 확장과정의 이해 및 적용 : 대수의 개념에 대한 구체적 이해

　② 신규이론과 배경이론의 연결 : 숫자연산에서 대수연산으로의 확장

- 새로운 개념의 도입을 위해 주어진 개념들로부터 논리적으로 유추해가는 사고과정 훈련

- 기존 원리의 반복적용을 통한 숙지 및 신규이론에 대한 개념과 원리의 명확한 이해

- 이론의 연결을 통한 자신의 지식지도의 확장

❷ 표준문제해결과정의 적용

Case 6. 중1 - 자연수의 성질

◎ 문제 : 자연수 X에 대하여 X+13은 3의 배수이고, X+3은 13의 배수라고 한다.

　　　　X를 39로 나눌 때 나머지를 구하여라

개요) 이 문제를 특정 케이스를 가지고 전체적으로 내용을 생각해 보면, 39보다 큰 수 중에서 조건을 만족하는 특정 수를 찾아내어, 나머지를 구하면 쉽게 찾을 수도 있다. 그러나 이 방법은 특정 케이스를 가지고 주어진 내용을 형상화하는 방법으로 훌륭하나, 내용의 증명방법으로는 항상 그렇다는 것을 보여 주지 못하므로, 정상적인 아직 미진한 방법이라 할 수 있다.

이제 위의 내용을 어떻게 논리적으로 접근하여, 정확하게 목표에 도달 할 수 있는지 표준문제해결과정에 맞추어 진행해 보도록 할 것이다.

표준문제해결과정

---

1. 내용 형상화 : 세분화 및 도식화 - 주어진 내용의 명확한 이해

　→ 단위 구문 별로 식으로 표현

　- 자연수 X에 대하여 → X 자연수 - ❶

　- X+13은 3의 배수이고, → $X + 13 = 3K_1$ - ❷

　- X+3은 13의 배수라고 한다. → $X + 3 = 13K_2$ - ❸

2. 목표 구체화 : 구체적 방향 설정 및 필요한 것 찾기

　① X를 39로 나눌 때의 나머지 → $X = 39K_3 + R$

---

② 필요한 것 찾기 : R값을 구하기 위해서 $X = 39K_3 + R$ 의 형태를 취할 수 있는 방법을 모색한다.

3. 적용이론(길) 찾기 : 필요한 것을 얻기 위한 적용이론 찾기

- 이 경우, 형상화된 내용으로 직접 해당 값을 구할 수는 없으므로, 우선 알려진 사실들을 이용하여 $X = 39K_3 + R$ 의 형태로 변형할 수 있는 방법을 모색한다.

① 접근방법1 : 주어진 두 식(❷, ❸)의 곱을 이용하여 $X = 39K_3 + R$ 의 형태를 취한다. 즉 $(X + 13)(X + 3) = 3K_1 \times 13K_2 = 39K_3 \rightarrow X(X + 16) + 39 = 39K_3$ → 이렇게 되기 위해서는 X + 16은 39의 배수이어야 한다.

② 접근방법2 : X+13은 3의 배수이므로 3을 더한 X+16 또한 3의 배수가 된다. 마찬가지로 X+3은 13의 배수이므로 13을 더한 X+16 또한 13의 배수가 된다. 즉 X+16은 3의 배수이자 13의 배수가 된다는 사실을 이용하여, $X + 16 = 39K_3 \rightarrow X = 39K_3 - 16$

4. 계획 및 실행: 우선 순위 결정 및 실행

- $X + 16 = 39K \rightarrow X = 39K - 16$

à $X = 39(K - 1) + 23 \rightarrow \therefore$ 나머지 $= 23$

→ 적용된 이론 : 배수·나머지 정리의 이해 및 식 표현

- 유형별 문제풀이 방법을 외우는 것이 아니라, 논리적으로 문제해결 실마리를 찾아가는 사고과정 훈련
- 다양한 측면에서 해당 이론의 변형 및 반복적용을 통한 적용능력 향상 및 이론 숙지 효과
- 이론간의 연결 적용을 통한 자신의 지식지도의 확장

Case 7. 중2 - 삼각형의 성질

◎ 문제 : $\triangle ABC$에서 BC의 중점을 점 M이라 하고 AC위에 AB + AP = CP, $\angle BPM = 90°$가 되는 점 P을 잡는다. AB = 15cm일 때, AC를 구하여라.

개요) 이 문제는 막상 풀려고 들면 그렇게 쉽지 않음을 알 수 있다. 적용이론을 찾 기 위하여 어떻게 주어진 조건들을 활용할 것인지를 잘 보여주는 문제이다.

이제 위의 내용을 어떻게 논리적으로 접근하여, 정확하게 목표에 도달 할 수 있는 지 표준문제해결과정에 맞추어 진행해 보도록 할 것이다.

표준문제해결과정

1. 내용 형상화 : 세분화 및 도식화 - 주어진 내용의 명확한 이해

- BC의 중점 : M - ❶

- AB + AP = CP, - ❷

즉 P는 B를 AC와 일직선 상에 놓을 경우 중점에 해당

- ∠BPM = 90° - ❸

- AB = 15cm - ❹

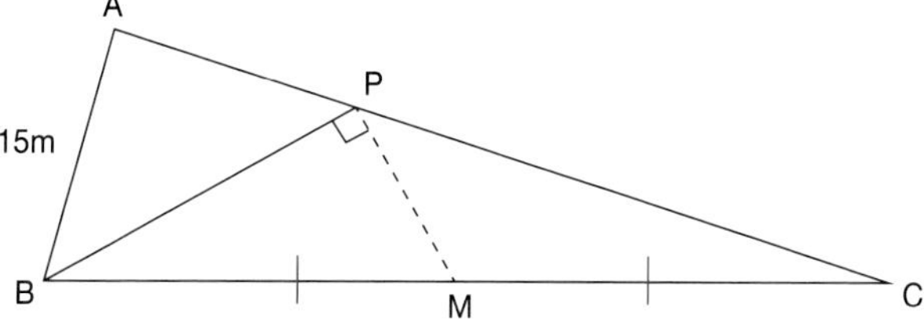

2. 목표 구체화 : 구체적 방향 설정 및 필요한 것 찾기

① 구하는 것 : 선분 AC의 길이

② 필요한 것 : 선분 AP의 길이, 선분 CP의 길이

3. 적용이론(길) 찾기 : 필요한 것을 얻기 위한 적용이론 찾기

- 이 경우, 선분 AP의 길이를 찾으면 선분 CP의 길이는 자동으로 나오므로 선 분 AP의 길이를 구하는 방법을 모색하면 된다. 그런데 주어진 내용에 중점 M이 있으므로, 이것을 활용하는 방 법을 찾는다.

- 주어진 조건들을 이용하여 실마리 찾기 :

① M이 선분 BC의 중점이므로(❶), 이것에 연관된 잘 알려진 이론인 닮은 삼각형의 중점연결정리를 이용하는 방법을 찾는다. 그런데 AB + AP = CP 이므로(❷) 선분 AC의 연장선상에 선분 AB와 같은 길이의 위치에 점 D를 찍는다면, P 또한 선분 CD의 중점이 된다. 즉 M, P 가 $\triangle$BCD 상의 두 변의 중점이 되므로 중점연결정리를 이용할 수 있게 된다. 따라서 $\triangle$PMC $\propto$ $\triangle$DBC $\rightarrow$ PM // DB 그리고 DQ = QB ($\because$ $\triangle$ADB 이등변삼각형)

② $\angle$BPM = 90^{o}(❸)이므로 AQ // BP $\rightarrow$ $\triangle$DQA $\propto$ $\triangle$DBP -$\rangle$ DA = AP

③ AC = AP + CP = AB + CP = 45cm

4. 계획 및 실행 : 우선 순위 결정 및 실행

- 3단계에서 밝혀진 내용의 순차적 실행

  $\rightarrow$ 적용된 이론 : 닮은 삼각형의 성질(중점연결정리, 평행), 이등변삼각형의 성질

- 유형별 문제풀이 방법을 외우는 것이 아니라, 논리적으로 문제해결 실마리를 찾아가는 사고과정 훈련

- 다양한 측면에서 해당 이론의 변형 및 반복적용을 통한 적용능력 향상 및 이론 숙지 효과

- 이론간의 연결 적용을 통한 자신의 지식지도의 확장

◆ 표준문제 해결과정의 적용 및 이론의 연결을 통한 지식지도의 작성/확장 이미지

Case 6.

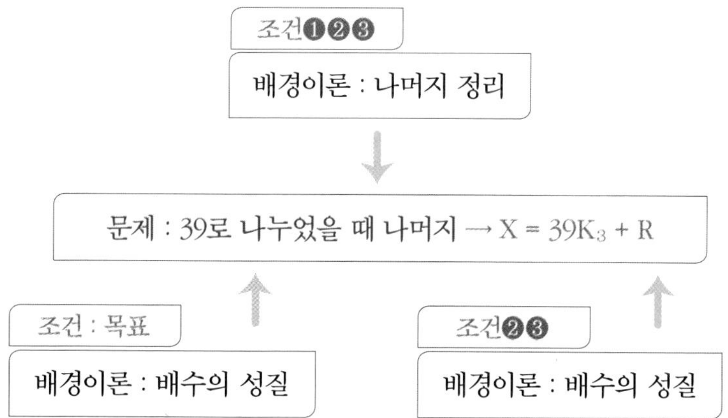

Case 7.

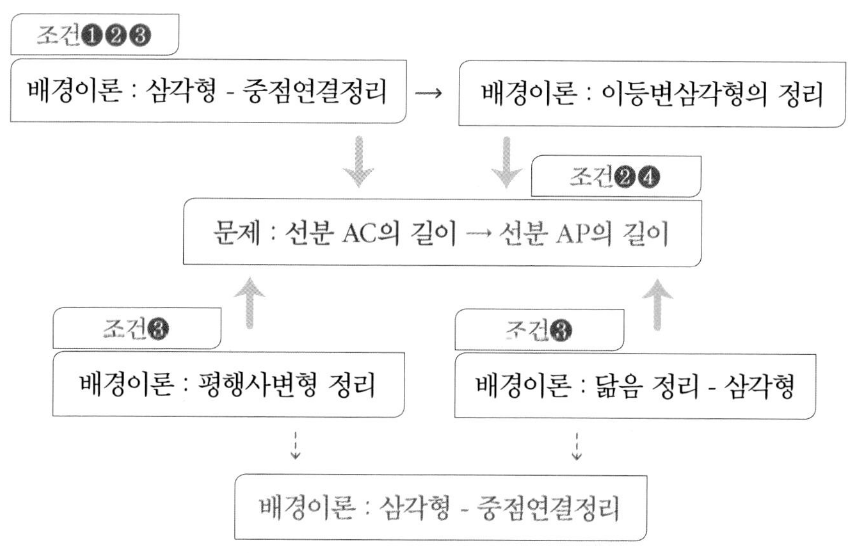

Case 8. 중2 - 함수

◎ 문제 : E1은 $x - 4y = 1$ 의 그래프를 나타내고, E2는 $-x - y = 4$ 의 그래프를
나타낸다. E1 + 2E2는 E1의 각 변에 E2의 각 변을 2배 한 것을 합하여
얻은 일차함수의 그래프이다. 0이 아닌 두 정수 m, n 에 대하여 mE1 +
nE2 가 반드시 지나는 점을 구하여라.

개요) 이 문제는 연립방정식을 푸는 방법을 다르게 표현한 것으로, 주어진 내용을
상상을 통해 무슨 의미인지 파악하지 못한다면, 아주 어려운 문제가 될 것
이다.

이제 위의 내용을 어떻게 논리적으로 접근하여, 정확하게 목표에 도달 할 수 있는
지 표준문제해결과정에 맞추어 진행해 보도록 할 것이다.

표준문제해결과정

---

1. 내용 형상화 : 세분화 및 도식화 - 주어진 내용의 명확한 이해

① E1 → $x - 4y = 1$ 의 그래프, , E2 → $-x - y = 4$ 의 그래프

E1 + 2E2 → E1의 각 변에 E2의 각 변을 2배 한 것을 합하여 얻은 일차함수
의 그래프

→ 즉 $(x - 4y) + 2 \times (-x - y) = 1 + 2 \times 4$ 를 의미한다. 이 내용을 mE1 +
nE2에 적용하면, mE1 + nE2 → $m \times (x - 4y) + n \times (-x - y) = m \times 1 + n \times 4$ 과 되므로,

→ 정리하면, $(m - n)x - (4m - n)y = m + 4n$ 의 일차함수의 식, 일차방
정식이 된다.

---

2. **목표 구체화 : 구체적 방향 설정 및 필요한 것 찾기**

　① 구하는 것 : 0이 아닌 두 정수 m, n 에 대하여 mE1 + nE2 가 반드시 지나는 점

　② 필요한 것 : 명시적인 표현은 되지 않았지만, 0이 아닌 두 정수는 임의의 점
　　을 뜻하므로, 주어진 방정식이 m, n에 대한 항등식이 된다는 뜻이다.

3. **적용이론(길) 찾기 : 필요한 것을 얻기 위한 적용이론 찾기**

　- 이 문제는 목표구체화 과정에서 이미 적용이론에 대한 실마리가 찾아졌으므
　로, 그대로 적용한다.

　- 방정식 (m − n)x - (4m − n)y = m + 4n 이 m, n에 대한 항등식이므로 m,
　n에 대하여 정리한 후, 계수가 0이 되는 x, y 점을 찾으면 된다.

4. **계획 및 실행 : 우선 순위 결정 및 실행**

　- (m − n)x − (4m − n)y = m + 4n

　　→ m(x − 4y − 1) −n(x − y − 4) = 0

　　→ x − 4y − 1 = 0, x − y − 4 = 0 로부터, x = 5, y = 1

　　→ 적용된 이론 : 일차방정식 vs 일차함수의 그래프, 항등식의 원리, 일차
　　　연립 방정식의 풀이

- 유형별 문제풀이 방법을 외우는 것이 아니라, 논리적으로 문제해결 실마리를 찾아가는
　사고과정 훈련

- 다양한 측면에서 해당 이론의 변형 및 반복적용을 통한 적용능력 향상 및 이론 숙지 효과

- 이론간의 연결 적용을 통한 자신의 지식지도의 확장

Case 9. 중2 - 함수

　◎ 문제 : 양 끝점의 좌표가 A(13, 2), B(52, 23)인 선분 AB와 x축에 대하여 대칭인 선분 CD가 있다. 선분 CD 위의 점 중에서 x좌표와 y좌표가 정수인 점을 모두 구하여라.

개요) 이 문제는 주어진 내용을 하나씩 형상화하여 종합하고, 나타난 조건들을 이용하여 하나씩 실마리를찾아간다면, 쉽게 원하는 것을 구할 수 있다.

이제 위의 내용을 어떻게 논리적으로 접근하여, 정확하게 목표에 도달 할 수 있는지 표준문제해결과정에 맞추어 진행해 보도록 할 것이다.

표준문제해결과정

1. 내용 형상화 : 세분화 및 도식화 - 주어진 내용의 명확한 이해

① 우측의 그림처럼, 우선 주어진 내용 하나 하나를 공통 좌표상에 표현하여 무슨 내용인지 형상화해보고, 어떤 연관관계가 있는지 살펴보자

② 나타난 사실들을 구체적으로 명시하고 조건으로 삼는다.

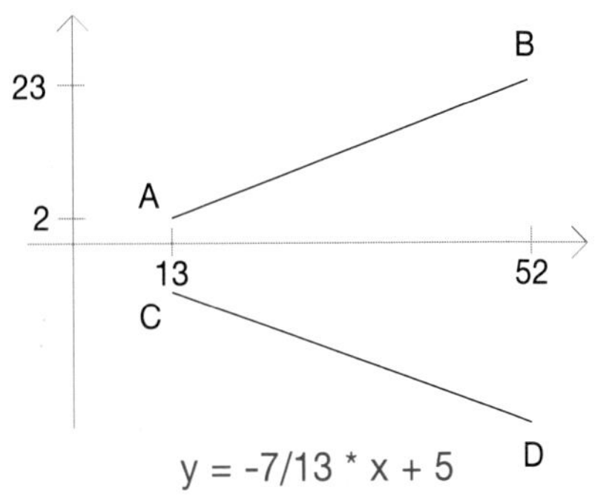

　　$13 \leq x \leq 52$ - ❶

　　$2 \leq y \leq 23$ for AB, $-23 \leq y \leq -2$ for CD - ❷

　　겹쳐진 부분이 구체적인 대상임을 확인할 수 있다.

2. 목표 구체화 : 구체적 방향 설정 및 필요한 것 찾기

① 구하는 것 : CD 위의 점 중에서 x좌표와 y좌표가 정수인 점

② 필요한 것 : CD 선분 위의 점들의 관계, 직선이므로 일차방정식으로 표현됨을 알 수 있다

3. 적용이론(길) 찾기 : 필요한 것을 얻기 위한 적용이론 찾기

- 주어진 조건들을 이용하여 실마리 찾기

① CD의 직선식을 알기 위해서는 두 점이 필요한데, 점 C, D는 점 A, B의 X축 대칭점들이다.

→ C (13, -2), D (52, -23)

→ 두 점을 지나는 직선 식은 $(y + 2) = (-23 + 2)/((52 - 13) \times (x - 13)$ 이므로, 정리하면 $y = -7/13 \times x + 5$ 가 된다.

② x, y 좌표가 정수인 선분 CD상의 점들을 찾는 것이므로, 위의 관계식으로부터 x의 점들은 13의 배수이어야 한다. 이러한 점들 중 조건❶의 범위를 만족하는 점들과 그에 상응하는 y좌표를 찾으면 된다.

4. 계획 및 실행 : 우선 순위 결정 및 실행

- $13 \leq x \leq 52$ 중 13의 배수는 13, 26, 39, 52 이다. 그리고 CD 직선 식으로부터 대응하는 y좌표 값을 구하면,

→ (13, -2), (26, -9), (39, -16), (52, -23)

→ 적용된 이론 : 좌표상에서 대칭원리의 이해, 정수와 배수, 일차함수 그래프

- 유형별 문제풀이 방법을 외우는 것이 아니라, 논리적으로 문제해결 실마리를 찾아가는 사고과정 훈련

- 다양한 측면에서 해당 이론의 변형 및 반복적용을 통한 적용능력 향상 및 이론 숙지 효과

- 이론간의 연결 적용을 통한 자신의 지식지도의 확장

Case10. 중1 - 자연수의 성질

◎ 문제 : P+Q 와 P-Q 가 소수가 되는 소수 P, Q를 모두 구하여라.

개요) 이 문제는 명시적으로 표현되지 않은 소수의 정의 및 제시된 형태 자체가 가
　　　지는 제한성을 어떻게 활용 하는 가에 문제해결의 열쇠가 담겨 있다.

이제 위의 내용을 어떻게 논리적으로 접근하여, 정확하게 목표에 도달 할 수 있는
지 표준문제해결과정에 맞추어 진행해 보도록 할 것이다.

표준문제해결과정

1. 내용 형상화 : 세분화 및 도식화 - 주어진 내용의 명확한 이해

　① 명시적 조건 : P+Q, P-Q가 소수가 되는 소수 P, Q → P+Q, P-Q, P, Q 모두

　　소수 - ❶

　② 숨겨진 조건 : 소수의 정의 - ❷

2. 목표 구체화 : 구체적 방향 설정 및 필요한 것 찾기

　① 구하는 것 : P+Q 와 P-Q가 소수가 되는 소수 P, Q

　② 필요한 것 : P+Q 와 P-Q, P, Q가 모두 소수가 되는 경우의 수들 찾기

3. 적용이론(길) 찾기 : 필요한 것을 얻기 위한 적용이론 찾기

　- 문제 자체의 내용은 별도의 형상화 과정이 필요 없을 정도로 간단하지만 모
　르는 부분이 해결되지는 않고 있다. 따라서 소수의 정의 및 제시된 형태 자체
　가 내포하고 있는 제한적인 의미를 찾아내어 범위를 좁히는 방법으로 구체화
　해야 한다.

- 주어진 조건들을 이용하여 실마리 찾기 :

① 문제가 P+Q와 P-Q의 형태로 주어졌으므로, 이 형태가 분명히 제한성을 가
지고 있다는 것을 추론 할 수 있다.

→ 소수의 구성을 살펴보면, 소수는 유일한 짝수 2 와 홀수로 이루어져 있다. ❷

→ P, Q 둘 다 홀수 또는 짝수 일 경우, P+Q, P-Q는 짝수가 되므로, 둘 다
소수가 될 수 없다. 즉 P, Q중 하나는 짝수임을 알 수 있다.(❶) 그리고 짝
수 중 유일한 소수는 2이고, P-Q가 소수가 되기 위해서는 Q=2 임을 알
수 있다.

② P-2, P, P+2 가 모두 소수가 된다. 그런데 P-2=(P-3)+1 이므로, 이 세수는 3
으로 나눈 나머지가 모두 다른 형태임을 알 수 있다. 즉 세수중의 한 수는
적어도 3의 배수가 되는데, 3의 배수중 유일한 소수는 3뿐이다. 그러므로
제일 작은 수인 P-2가 3이어야 한다.

4. 계획 및 실행 : 우선 순위 결정 및 실행

- 계획된 내용의 순차적 실행 : P-2=3 → P=5 뿐이다. ∴ P = 5, Q = 2

→ 적용된 이론 : 소수의 정의, 나머지 정리

- 유형별 문제풀이 방법을 외우는 것이 아니라, 논리적으로 문제해결 실마리를 찾아가는
사고과정 훈련
- 다양한 측면에서 해당 이론의 변형 및 반복적용을 통한 적용능력 향상 및 이론 숙지 효과
- 이론간의 연결 적용을 통한 자신의 지식지도의 확장

Case11. 중2 - 정수와 유리수

◎ L3_1 : x, y, z 가 양의 정수일 때, $1/x + 1/y + 1/z = 1$ 을 만족하는 x, y, z 의
값을 모두 구하여라.

개요) 이 문제를 단순하게 보면, 미지수가 3개인데 비해 주어진 식은 하나인데, 어떻게 값을 구할 수 있을지 의아하게 된다. 즉 주어진 조건과 형태를 이용하여 어떻게 범위를 좁혀 나갈 지를 연구해야 할 것이다.

이제 위의 내용을 어떻게 논리적으로 접근하여, 정확하게 목표에 도달 할 수 있는지 표준문제해결과정에 맞추어 진행해 보도록 할 것이다.

표준문제해결과정

---

1. 내용 형상화 : 세분화 및 도식화 - 주어진 내용의 명확한 이해

　　① x, y, z 가 양의 정수 - ❶

2. 목표 구체화 : 구체적 방향 설정 및 필요한 것 찾기

　① 구하는 것 : $1/x + 1/y + 1/z = 1$ 을 만족하는 x, y, z 의 값

　② 필요한 것 찾기 : 미지수가 3개인데, 주어진 식은 하나 이므로 그냥 방정식 계산으로는 풀 수 없다. 즉 주어진 조건과 형태상의 제한성을 이용하여 대상 범위를 좁혀 나가는 방법을 찾아야 한다.

　　→ 주어진 형태에 몇 가지 숫자들을 넣어 목표의 내용을 형상화해 보면, 모든 숫자가 마냥 클 수 만은 없음을 알 수 있다. 일 예로 $1/3 + 1/3 + 1/3 = 1$ 이 되므로 최소한 하나의 변수는 3이하의 수를 가짐을 알 수 있다. 즉 하나의 변수에 대해, 밝혀진 몇 가지 경우의 수로 케이스를 나눈다면 대상 변수가 하나 줄어드는 효과가 있다.

3. 적용이론(길) 찾기 : 필요한 것을 얻기 위한 적용이론 찾기

　　① 세 개의 변수 x, y, z 중 가장 적은 수를 x로 가정하면, $1/x + 1/x + 1/x \geq 1$

→ x ≤ 3 -〉 x = 1, 2, 3 그런데 x = 1 이 되면 양의 정수인 y, z 이 존재하지 않으므로, x = 2, 3 이 된다.

② x = 2 일 경우, 1/y + 1/z = 1/2 이 되고, 같은 접근방법을 사용하면 1/y + 1/y ≥ 1/2 → y ≤ 4y = 1, 2 이면 양의 정수인 z 이 존재하지 않으므로, y = 3, 4 가 된다. 따라서 y = 3 일 경우, z = 6 이고, y = 4 일 경우, z = 4

③ 같은 접근방법을 x = 3 일 경우에 적용하면, 1/y + 1/z = 2/3 이 되고, 같은 접근방법을 사용하면 1/y + 1/y ≥ 2/3 → y ≤ 3y = 1 이면 양의 정수인 z 이 존재하지 않으므로, y = 2, 3 가 된다. 따라서 y = 2 일 경우, z = 6 이고, y = 3 일 경우, z = 3

4. 계획 및 실행 : 우선 순위 결정 및 실행

- 적용이론에서의 접근 방법을 실행하면, 대상은 (2, 3, 6), (2, 4, 4), (3, 2, 6), (3, 3, 3) 으로 줄어 드는데, x, y, z 이 서로 위치가 바뀔 경우를 반영하면, (2, 3, 6), (2, 6, 3), (3, 2, 6), (3, 6, 2), (6, 2, 3), (6, 3, 2), (2, 4, 4), (4, 2, 4), (4, 4, 2), (3, 3, 3) 이 된다.

   → 적용된 이론 : 정수와 유리수의 성질

Case12. 중1- 자연수의 성질

◎ L3_2 : 10의 배수가 아닌 두 자리의 자연수가 각 자리의 숫자의 합에 의해 나누어 떨어진다면, 각 자리의 숫자의 합은 3의 배수임을 증명하여라.

개요) 이 문제를 단순하게 주어진 범위내의 숫자들을 대입하여 최대값을 구하여 들면, 상당히 번거로운 작업이 될 뿐아니라, 어떤 값을 구하더라도 정답에 대한 확신을 갖기도 어렵게 된다.

이제 위의 내용을 어떻게 논리적으로 접근하여, 정확하게 목표에 도달 할 수 있는지 표준문제해결과정에 맞추어 진행해 보도록 할 것이다.

표준문제해결과정

1. 내용 형상화 : 세분화 및 도식화 - 주어진 내용의 명확한 이해

- 단위 구문 별로 식으로 표현

① 10의 배수가 아닌 두 자리의 자연수 → xy(단, $1 \leq x, y$ 자연수 ≤ 9) → $10x + y$ - ❶

　각 자리의 숫자의 합에 의해 나누어 떨어진다. → $10x + y = (x + y)k$ - ❷

2. 목표 구체화 : 구체적 방향 설정 및 필요한 것 찾기

① 구하는 것 : 각 자리의 숫자의 합은 3의 배수 → $x + y = 3k'$

② 필요한 것 : 주어진 조건들을 이용하여 $(x + y)$ 가 3의 배수가 될 수밖에 없음을 보인다

3. 적용이론(길) 찾기 : 필요한 것을 얻기 위한 적용이론 찾기

- 주어진 조건을 이용하여 논리적으로 실마리 찾기

① 3의 배수의 성질 이용 : 각 자리의 수의 합이 3의 배수면 해당 수로 3의 배수이다.

　→ $10x + y = (9 + 1)x + y = 9x + (x + y)$가 되므로 $x + y$ 가 3의 배수이면 되기 때문이다. 같은 원리를 적용하면, 조건 ❷로부터 $9x = (x + y)(k - 1)$ 가 얻어진다.

② 주어진 식은 하나인데 비해 미지수가 3개이므로, 주어진 식과 각 변수의 제한된 값을 이용하여, 솔루션의 범위를 좁혀 보자.

　→ 조건 ❶, ❷로부터 k 값의 범위를 알 수 있다. → $1 \leq k$ 자연수 ≤ 9

　→ 얻어진 식을 변형하면 $x = (x + y) \times (k - 1) / 9$ 인데, x가 자연수이므로, $x + y) \times (k - 1) / 9$ 또한 자연수가 되어야 한다.

이를 위해 가능한 경우의 수는 (x + y) 또는 (k − 1) 이 9의 배수 (x + y)과 (k
−1) 이 모두 3의 배수인 것 뿐이다. 그런데 k가 9이하의 자연수이므로 (k − 1)
은 9의 배수가 될 수 없다. 즉 (x + y)는 최소한 3의 배수가 되어야 한다.

4. 계획 및 실행 : 우선 순위 결정 및 실행
- 과정 3의 실행
    → 십진법, 나머지 정리, 배수의 성질

- 유형별 문제풀이 방법을 외우는 것이 아니라, 논리적으로 문제해결 실마리를 찾아가는
 사고과정 훈련
- 다양한 측면에서 해당 이론의 변형 및 반복적용을 통한 적용능력 향상 및 이론 숙지 효과
- 이론간의 연결 적용을 통한 자신의 지식지도의 확장

Case13. 중 - 자연수의 성질

◎ 문제 : 자연수 n에 대하여 $n^3 + 2n$ 이 3의 배수임을 증명하여라.

개요) 이 문제는 일반적인 연역적 접근방법 이외에도 효과적인 다른 접근방법도
 있음을 보여준다. 어떤 접근방법이 가장 효과적인 가는 문제의 특수성에 따
 라 달라진다 하겠다.

이제 위의 내용을 어떻게 논리적으로 접근하여, 정확하게 목표에 도달 할 수 있는
지 표준문제해결과정에 맞추어 진행해 보도록 할 것이다.

1. 내용 형상화 : 세분화 및 도식화 - 주어진 내용의 명확한 이해

- 명시적 조건 : 자연수 n에 대하여 → n은 자연수 - ❶

- 암시적 조건 : 증명의 대상 $n^3 + 2n$의 형태 - ❷

2. 목표 구체화 : 구체적 방향 설정 및 필요한 것 찾기

① 구하는 것 : $n^3 + 2n$ 이 3의 배수

② 필요한 것 : $n^3 + 2n$ 이 3의 배수의 형태로 구성됨을 보인다.

3. 적용이론(길) 찾기 : 필요한 것을 얻기 위한 적용이론 찾기

- 논리적으로 실마리 찾기 :

① 접근방법1 : 제시된 형태의 특수성을 이용(❷)

- $n^3 + 2n = n^3 - n + 3n = n(n^2 - 1) + 3n = (n - 1)n(n + 1) + 3n$

→ 연속된 3수의 곱은 6의 배수 이므로 $n3 + 2n$ 은 3의 배수이다.

② 접근방법2 : 수학적 귀납법의 이용

: $P(n) = n^3 + 2n$ 이라고 할때, 초기값 $P(1) = 3$은 3의 배수 & $P(n)$ 이 3의 배

수 → $P(n+1)$이 3의 배수이면, $P(n)$은 3의 배수이다.

③ 접근방법3 : 3의 배수의 성질을 이용한 비둘기집 정리(바스켓정리)

- 임의의 수 n을 3으로 나눈 나머지를 기준으로 분류하면, 3k, 3k+1, 3k+2

세 개의 바스켓에 나누어 담을 수 있다. 이 각각의 경우에 대하여 $n3 + 2n$

이 3의 배수가 됨을 보이면 된다.

Case 1 for n = 3k, Case 2 for n = 3k+1, Case 3 for n = 3k+2

4. 계획 및 실행 : 우선 순위 결정 및 실행

2번째 방법인 수학적 귀납법 이용

- P(n) = n³ + 2n 이라고 할때, 초기값 P(1) = 3 은 3의 배수

- P(n+1) = (n + 1)³ + 2(n + 1) = n³ + 2n+ 3(n² + n + 1) = P(n) + 3(n² + n + 1)

    → ∴ P(n+1) 은 3의 배수이다

    → 적용된 이론 : 3의 배수의 성질, 인수분해, 수학적 귀납법, 비둘기집 정리

    → 같은 목적지에 도달하기 위해서 여러 가지의 길을 알았다는 것은, 그 문제에 관련된 부분 지도를 얻었다는 것을 의미한다. 그리고 그 만큼 변형에 따른 응용력의 폭이 넓어졌다는 것을 뜻한다.

- 유형별 문제풀이 방법을 외우는 것이 아니라, 논리적으로 문제해결 실마리를 찾아가는 사고과정 훈련
- 다양한 측면에서 해당 이론의 변형 및 반복적용을 통한 적용능력 향상 및 이론 숙지 효과
- 이론간의 연결 적용을 통한 자신의 지식지도의 확장

Case14. 고1 - 함수

◎ 문제 : 연립부등식 $0 \leq y \leq -x$, $y \leq x + 3$ 을 만족시키는 실수 x, y에 대하여 $x^2 + y^2$ 의 최대값을 구하여라.

개요) 이 문제를 단순하게 주어진 범위내의 숫자들을 대입하여 최대값을 구하여 들면, 상당히 번거로운 작업이 될 뿐아니라, 어떤 값을 구하더라도 정답에 대한 확신을 갖기도 어렵게 된다.

이제 위의 내용을 어떻게 논리적으로 접근하여, 정확하게 목표에 도달 할 수 있는지 표준문제해결과정에 맞추어 진행해 보도록 할 것이다.

1. 내용 형상화 : 세분화 및 도식화 - 주어진 내용의 명확한 이해

① 주어진 조건들이 이미 식으로 주어져 있으므로, 각각에 번호를 붙이고, 그 내용을 공통의 좌표 평면 위에 종합하여 표현한다.

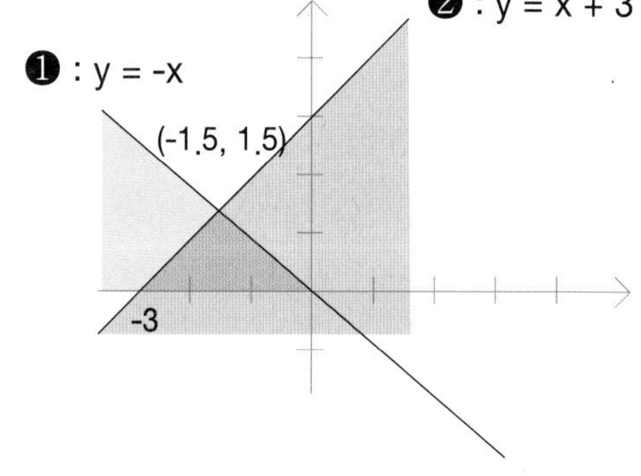

$$0 \leq y \leq -x - ❶$$

$$y \leq x + 3 - ❷$$

② 형상화된 두 가지 조건을 종합하여 보니, 겹쳐진 부분이 구체적인 대상임을 확인할 수 있다.

2. 목표 구체화 : 구체적 방향 설정 및 필요한 것 찾기

- $x^2 + y^2$ 의 형상화

① $x^2 + y^2 = k$ 라 놓으면, $x^2 + y^2 = (\sqrt{k})^2$ 이 되므로 이 목표는 주어진 범위의 점들을 대상으로 하는 원을 그릴 때, 그 원의 반지름의 제곱에 해당된다는 것을 알 수 있다.

3. 적용이론(길) 찾기 : 필요한 것을 얻기 위한 적용이론 찾기

- 구체화된 범위의 점들을 대상으로 하여, 형상화된 목표의 궤적인 원을 투영하면, (-3, 0) 점을 지날 때, 원이 최대가 된다는 것을 알 수 있다.

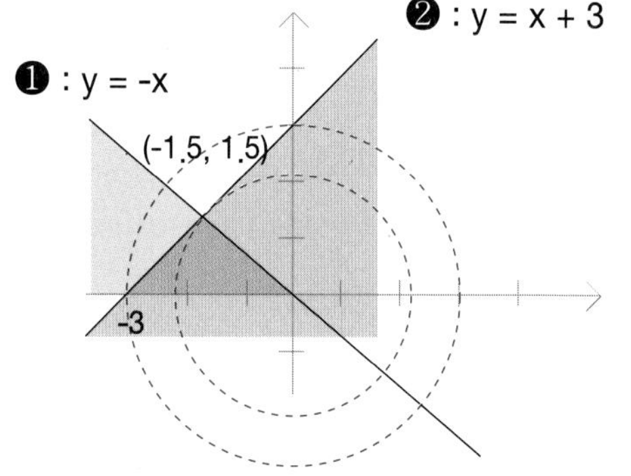

4. 계획 및 실행: 우선 순위 결정 및 실행

  - (-3, 0)를 지나는 원의 반지름의 제곱 = 9

  → 적용된 이론 : 일차 부등식 좌표에 표현하기, 원의 방정식

- 유형별 문제풀이 방법을 외우는 것이 아니라, 논리적으로 문제해결 실마리를 찾아가는 사고과정 훈련
- 다양한 측면에서 해당 이론의 변형 및 반복적용을 통한 적용능력 향상 및 이론 숙지 효과
- 이론간의 연결 적용을 통한 자신의 지식지도의 확장

Case15. 고1 - 함수 :

세 집합 $A = \{(x, y) \mid |x| + 2|y| \leq 2\}$, $B = \{(x, y) \mid (x - 1)^2 + (y-2)^2 \leq 1\}$, $C = \{(x, y) \mid y \geq ax\}$에 대하여 $(A \cup B) \cap C$ 의 영역의 넓이가 $2 + \pi$ 일 때, 상수 a 의 최대값을 구하여라.

개요) 주어진 내용도 많고 복잡해, 일단 한 눈에 어떻게 풀어가야 할지 보이지 않는다. 이런 경우 많은 아이들이 내용파악을 제대로 해보지 않은 상태에서 지레 겁부터 먹게 된다.

이제 위의 내용을 어떻게 논리적으로 접근하여, 정확하게 목표에 도달 할 수 있는지 표준문제해결과정에 맞추어 진행해 보도록 할 것이다. 내용을 하나씩 형상화하여 진짜 어려운 문제인지 알아 보자.

표준문제해결과정

1. 내용 형상화 : 세분화 및 도식화 - 주어진 내용의 명확한 이해

① 주어진 조건들이 이미 식으로 주어져 있으므로, 각각에 번호를 붙이고, 그 내용을 공통의 좌표 평면 위에 종합하여 표현한다.

$$|x| + 2|y| \leq 2 - ❶$$

(기준함수 $y = -1/2x + 1$)

$$(x - 1)^2 + (y - 2)^2 \leq 1 - ❷$$

$$y \geq ax - ❸$$

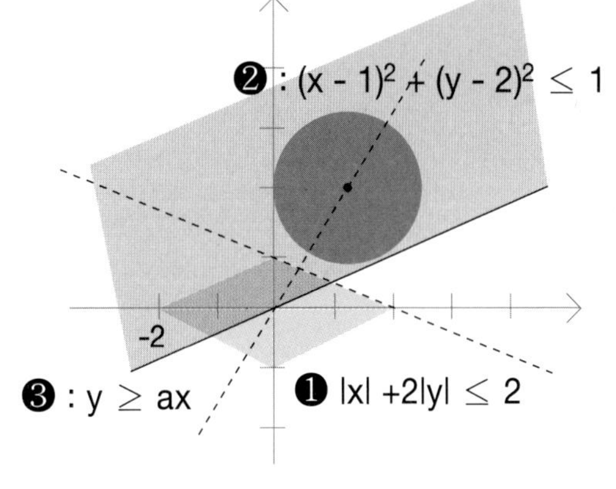

② 형상화된 세 가지 조건을 종합하여 보니, 서로 겹쳐진 부분을 구체적으로 확인 할 수 있게 되었다.

2. 목표 구체화 : 구체적 방향 설정 및 필요한 것 찾기

- $(A \cup B) \cap C$ 의 형상화

① 형상화된 내용을 보니, 목표는 노란색과 겹쳐지는 파란색과 녹색 부분의 합이라는 것을 알 수 있다.

3. 적용이론(길) 찾기 : 필요한 것을 얻기 위한 적용이론 찾기

① 목표 합이 $2 + \pi$ 인데, 원의 면적이 π 이므로, 조건 ❸의 직선의 기울기는 원을 포함할 수 있도록 정해져야 함을 알 수 있다.

② 그리고, 겹쳐지는 마름모 부분의 면적이 2 가 되도록 기울기가 정해지면 된다.

4. 계획 및 실행 : 우선 순위 결정 및 실행

- 마름모 전체 면적이 4 이므로, 기울기는 면적이 절반이 되도록 1/2 이면 된다.

→ 적용된 이론 : 일차 부등식 좌표에 표현하기, 원의 방정식, 원의 면적이 문
제는 내용형상화를 하고 보니, 의외로 어렵지 않은 문제임을 알 수 있다.

- 유형별 문제풀이 방법을 외우는 것이 아니라, 논리적으로 문제해결 실마리를 찾아가는
 사고과정 훈련
- 다양한 측면에서 해당 이론의 변형 및 반복적용을 통한 적용능력 향상 및 이론 숙지 효과
- 이론간의 연결 적용을 통한 자신의 지식지도의 확장

Case16. 고1 - 함수

◎ 문제 : x가 실수일 때, $y = (x^2 + 2x - 3)/(x^2 - 2x + 3)$ 최대값, 최소값을 구하여라.

개요) 주어진 함수는 복잡한 분수함수의 형태를 띠고 있어서, 얼핏 보아서는 풀어
     가기가 그리 쉽지 않아 보인다.

이제 위의 내용을 어떻게 논리적으로 접근하여, 정확하게 목표에 도달 할 수 있는
지 표준문제해결과정에 맞추어 진행해 보도록 할 것이다. 특히 이 문제는 선언문이
조건으로 활용 되는 경우이다.

표준문제해결과정

1. **내용 형상화 : 세분화 및 도식화 - 주어진 내용의 명확한 이해**

   ① x가 실수 - ❶

   y는 어떤 수인지 범위가 정해져 있지 않다.

2. **목표 구체화 : 구체적 방향 설정 및 필요한 것 찾기**

   - $y = (x^2 + 2x - 3)/(x^2 - 2x + 3)$ 최대값, 최소값

① 목표가 복잡한 분수함수의 형태를 띠고 있어, 형상화가 용이하지 않다.

→ 참고로, 1/y 은 비교적 간단한 분수함수의 합으로 변형시킬 수 있다.

$1/y = 1/2 \times 1/(x - 1) - 9/2 \times 1/(x + 3) + 1$ 그러나 이 그래프의 해석 역

시 복잡하다.

3. 적용이론(길) 찾기 : 필요한 것을 얻기 위한 적용이론 찾기

- 주어진 모든 조건의 이용

① 조건 ❶을 이용하는 방법을 찾는다.

→ 주어진 목표식은 x에 관해 정리하면, x에 관한 2차식이 됨을 알 수 있다.

즉 x가 실수 → 판별식 $D \geq 0$ 임을 찾아낼 수 있다.

4. 계획 및 실행 : 우선 순위 결정 및 실행

① 목표식을 x에 관해 정리하면,

$(y - 1)x^2 - 2(y + 1)x + 3(y + 1) = 0$ 가 된다.

② y = 1 인 경우, 2차식이 안되므로 별도로 계산하면 x = 3/2

y ≠ 1 인 경우, $D/4 = -2y^2 + 2y + 4 \geq 0$

→ $(y - 2)(y + 1) \leq 0 \rightarrow -1 \leq y \leq 2$

∴ 최소값 -1, 최대값 = 2

→ 적용된 이론 : 2차 방정식이 실근을 갖는 경우

- 유형별 문제풀이 방법을 외우는 것이 아니라, 논리적으로 문제해결 실마리를 찾아가는

 사고과정 훈련

- 다양한 측면에서 해당 이론의 변형 및 반복적용을 통한 적용능력 향상 및 이론 숙지 효과

- 이론간의 연결 적용을 통한 자신의 지식지도의 확장

03 part

학교공부 그리고 효과적인 시험공부 방법

❶ 3단계 Reminding 복습과정을 가져가라

공부는 똑바로 생각하는 방법을 연습하는 것이다. 그리고 훌륭한 사람은 똑바로 생각하고 그것을 실천하는 사람이다. 공부를 통해 우리가 얻어야 하는 것은

① 똑바로 생각하는 방법, 즉 논리적인 사고능력 그 자체와

② 생각한 내용을 효과적으로 전달하기 위해서 필요한 방법 및 언어라고 할 수 있다. 즉, 우리는 공부를 통해 과목별로 다양한 분야의 이러한 지식을 습득하려고 하는 것이다.

우리는 지금까지 논리적인 사고능력의 효과적인 훈련을 위해서 수학을 이용한 자기주도학습방법에 대해 살펴보았다. 그리고 이것의 실질적인 향상을 이루기 위해서는 본인의 수준에 따라 하루에 40분에서 2시간 정도의 집중적인 사고의 노력이 필요하다고 하였다. 물론 이 시간은 수학만을 위한 시간을 의미하는 것은 아니고, 다

른 과목의 시간 또한 포함하는 것이다. 다만 집중적인 사고훈련을 위해서는 초기에는 수학공부가 다른 무엇보다 효과적인 수단이 될 것이라는 것이다. 일정 수준이상의 단계에 올라 집중적인 사고습관이 몸에 베이면, 본인 스스로 적절한 조절점을 찾게 될 것이다.

그런데, 학생들에게 있어 학교에서 공부하는 과목은 너무 많아서 공부해야 할 내용이 너무 많은 것이 고민이다. 그리고 우리는 기억한 것을 쉽게 잊어 먹는다. 특히 대량으로 많은 것을 한꺼번에 습득하려고 할 때는 더욱 그렇다. 그래서 우리는 다음의 접근 전략을 써야 한다.
  ① 한번 공부한 것은 되도록 이면 오래 기억할 수 있도록 하자.
  ② 기억유지를 위해 다시 공부해야 하는 시간을 최대한 줄이자.

첫 번째 목적을 이루는 방법은 표준이론학습방법에서 알아본 것처럼, 각각의 지식을 단일 사실로 기억하는 것이 아니라 가능한 연관된 많은 사실들과 연결을 꾀하여, 하나의 지도형태로 기억하는 것이다. 그러면 통째로 까먹는 경우는 거의 없기 때문에, 비록 일부분에 대한 기억을 잃더라고 연결된 루트를 통해서 점차 회복이 가능하게 될 것이다. 예를 들어 한국사를 공부할 때, 동 시대의 주변 중국사나 세계사와 연결 지어서, 서로 어떻게 영향을 주면서 왜 그러한 변화가 생겨 났는지를 공부하면, 단순하게 외우는 것보다 훨씬 이해도 쉽고 기억도 오래가게 될 것이다. 물론 처음에는 쉽지 않을 것이다. 그러나 이러한 작업은 지금까지 알아본 것처럼 문제해결능력이 높아 질수록 점점 보다 쉽게 이루어 지게 될 것이다.

두 번째 목적을 이루는 방법으로는 기억을 오래 유지하기 위해서는 잊어먹기 전에 여러 번 반복하여 회상하는 것이 필요하다는 것이다. 경험상 첫 번째 반복은 2-3배, 두 번째 반복은 4-6배, 세 번째 반복은 6배 이상으로 기억을 배가시킬 것이다. 기본적으로는 적어도 3번의 반복기회를 가져야 한다.

첫 번째 반복, 그날 배운 것은 그날 복습하는 과정을 통해 배운 내용에 대해 자신 스스로의 이해로 전환시킨다. 이러한 첫 번째 Reminding 과정은 대개 적어도 약 1주일 간의 기억력을 유지시켜 준다. 이러한 과정이 없다면 대개 2-3일 내에 배운 내용을 잊어 먹게 된다. 물론 수업시간에 집중하여 일정 수준의 지식지도를 만들어 낼 수 있다면, 1주일이상의 기억유지를 하게 될 것이다.

두 번째 반복, 주말을 이용하여 약 1주일 간 배운 내용을 점검하는 형식으로 두 번째 복습과정을 갖는다. 당일 당일의 복습이 되어진 경우, 이미 자신 스스로의 이해로 전환된 상태이므로 재 복습과정은 무척 빠르게 진행되기 때문에 생각만큼 많은 시간을 소요하지 않는다. 또한 당일 복습 이후의 시간 동안 새로운 학습 내용이 나의 지식지도로의 매핑 및 정제 활동이 매일 매일의 생각 속에서 자연스럽게 이루어 졌을 것이므로 재 복습과정은 전체적인 조율 및 정제의 측면에서 중요한 의미를 가진다. 이러한 두 번째 Reminding 과정은 대개 적어도 약 1달 간의 기억력을 유지시켜 준다. 마찬가지로 이러한 과정이 없다면 대개 1-2주 안에 이해한 내용을 잊어 먹게 된다.

지금까지의 과정은 대개 1-2주 동안의 짧은 시간에 이루어 지므로, 계획 및 실행에 옮기기가 쉽다. 그러나 한 달 이상이 넘어가는 경우, 특별한 이벤트가 없이 그것을 일정한 계획의 틀 안에서 실행에 옮기는 것은 일관성 측면에서 볼 때 상대적으로 무척 어렵다. 그런데 우리는 중간고사나 기말고사란 시험이벤트를 가지고 있다. 이 시점을 이용하면 우리는 적절한 3번째 반복기회를 자연스럽게 가질 수 있다.

세 번째 반복, 두 번째 반복 이후, 자신의 기억력에 따라 다를 수 있지만, 약 1-2달

안에 그 동안의 배운 내용을 점검한다. 1차 및 2차 반복이 수행되어진 경우 그 이후의 시간 동안 매일 매일의 생각 속에서 이미 자연스럽게 많은 정제가 이루어져 있음을 기대할 수 있다. 따라서 이 세 번째 반복과정은 같은 내용을 더욱 더 짧은 시간 안에 살펴볼 수 있을 것이다. 그리고 이 시점이 시험이벤트와 연결되었을 경우, 자연스럽게 시험준비가 될 수 있을 것이다. 이렇게 세 번째 Reminding 과정을 거치게 되면, 우리는 적어도 6개월, 대개 1년 이상의 기억력을 유지할 수 있을 것이다.

이러한 측면에서 시험은 나에게 자연스럽게 세 번째 반복기회를 제공해 줄뿐 아니라, 학교에서 공부하라고 별도의 시간도 배려해 주는 좋을 제도라고 긍정적으로 볼 수 있다. 그리고 세 번째 반복의 수행 이후에는 시험자체 또한 그 동안 공부했던 내용을 확인 및 점검한다고 생각하고 즐겁게 임할 수 있을 것이다. 그러나 첫 번째 및 두 번째의 반복기회를 가지지 않고, 바로 시험준비를 하는 경우, 이미 배운 내용 중 많은 부분을 잊어 버렸을 것이기 때문에 시간이 많이 걸릴 뿐만 아니라 이해의 품질 면에서도 자신 스스로의 이해로 전환시키기 보다는 그냥 암기하는 쪽으로 기울기 쉽다. 그리고 이 때가 다시 첫 번째 반복단계가 되므로 내 것으로 삼을 수 있게 되려면 그 많은 분량에 대해 두 번째, 세 번째 반복단계를 가져가야 할 것이다. 그러나 이것의 실현을 위해서는 처음에 비해 상대적으로 엄청난 노력을 기울여야만 할 것이다. 물론 이미 늦은 때란 없다, 사실을 인지한 시기가 자신에게는 가장 빠른 때이기 때문이다. 다만 그 동안의 안 했던 것에 상응하는 노력이란 대가를 필요로 한다.

그 이상의 반복기회는 방학 및 진학시험, 모의고사 등을 이용하여 자연스럽게 기회를 접할 수 있을 것이다.

과연 공부를 잘한다는 것은 무엇일까?
서두에 말한 바와 같이 그것은 결국 똑바로 생각하는 힘이 강하다는 것을 의미한다. 즉 이것을 공부라는 꾸준한 훈련을 통해 얻으려고 하는 것이다. 생각하는 힘이라 할 수 있는 논리적인 사고력, 즉 문제해결능력에는 여러 단계가 있다. 대부분의 사람들은 첫 번째 떠오르는 생각은 비교적 쉽게 구성해 낼 수 있다. 그러나 첫 번째 떠오른 1차적인 사고를 바탕으로 2차적인 사고를 전개해 나가는 것은 그리 쉽지 않게 느낀다. 말하자면 1차적인 사고의 틀이 견고한 사람은 2차적인 사고를 체계적으로 전개해 나가는 것이 어렵지 않은 반면, 대부분의 사람들은 그렇지 못한 것이 사실이다. 더욱이 불완전한 2차적인 사고의 틀로부터 3차적인 사고를 올바르게 전개해 나간다는 것은 거의 불가능한 것이 되고 만다. 그래서 처음에는 생각의 방향을 올바르게 잡았음에도 불구하고 상응하는 사고 전개를 올바르게 할 수 없어 방향을 틀어 차선책을 찾는 일이 빈번하다. 반면 공부를 잘하는 사람들의 특징은 이러한 사고 전개의 힘이 상대적으로 무척 강하여, 본인이 설정한 방향을 꾸준히 유지해 나갈 수 있는 힘이 있다고 할 수 있다.

그런데 단순히 내용을 외우거나 정해진 문제의 패턴들을 익혀 쉽게 문제를 푸는 연습을 통해서는 사고 전개의 힘을 강하게 만들 수는 없다. 피상적으로 나타나는 노력의 결과만을 본다면 비슷해 보이지만, 거기에는 중요한 논리적으로 사고하는 과정이 빠진 것이다. 자유로운 사고의 전개를 통해 스스로 패턴을 찾아낼 수 있는 사람들만이 1차적인 사고의 틀을 견고히 할 수 있다. 이 말은 각 단계에 도달하는 과정에 대한 체득을 의미한다. 직관적인 이해를 돕기 위해 나름대로의 기준을 잡기 위한 개인적인 생각을 말하자면, 그냥 공부를 잘하는 사람은 1차적인 사고의 전개과정에 충분히 체득된 단계에 있다고 할 수 있고, 소위 Top Class에 있는 사람들 또는 천재는 2차적, 3차적 사고 전개과정이 자유로운 사람들이라 할 수 있을 것이다. 이것은 다른 시각에서의 본 문제해결능력 단계 향상의 모습이라 할 수 있다.

❷ 스스로 질문하고 답하라

공부는 학교, 학원 그리고 집·도서관에서 하는 것이다. 공부를 하는 주된 장소를 들자면 틀리지 않은 말이지만, 공부가 똑바로 생각하는 연습을 하는 것이라면 굳이 장소에 제한을 둘 필요는 없을 것이다. 오히려 고정된 환경이 아닌, 변화하는 환경에서의 연습이 좀더 실전적일 것이다.

사실 우리는 끊임없이 생각을 한다. 위에 언급한 장소 이외에도 이동 중 또는 잠시 쉬면서 그리고 식사를 하면서도 생각을 한다. 이 시간들을 이용한 쉽고 효과적인 훈련방법은 없을까? 많은 수험생들이 한 번쯤은 고민해 보았을 것이다.

지금부터 특정한 교재 없이 짬짬이 여유로운 시간 중에 생각하는 방법에 대한 효과적인 훈련방법 한가지를 소개하겠다. 그것은 단순하게도 스스로의 지식의 내용과 생각의 과정을 점검하는 자문자답이다. 실력을 향상시키는 가장 빠른 방법은 자신의 부족한 점을 똑바로 보고, 그 원인을 찾아내어, 변화를 실천에 옮기는 것이라 하였다. 이러한 맥락에서 문제를 푸는 과정이 자신의 부족한 점에 대한 증상을 찾아내는 과정이라고 하였다.

그런데 자신의 부족한 부분을 가장 잘 알 수 있는 사람이 과연 누구일까? 아마도 선입견을 배제할 수 있다면, 바로 자기 자신일 것이다. 스스로 의문을 품고, 그것에 대한 답을 찾으려는 생각의 과정, 즉 자문자답의 과정이 훌륭한 사고력 훈련방법인 것이다.

예를 들어, 학교 수업을 한 후에 의문이 드는 한가지 주제를 정하고, 그 내용을 이동할 때와 같이 다소 여유로운 시간에 자신에게 무언가 설명해보는 시도를 머리 속으로 하는 것이다. 처음에는 배경이 되는 내용도 잘 생각이 나지 않고, 생각의 과정도 잘 연결이 되지 않아 무척 어렵게 느껴지지만, 익숙해 짐에 따라 점차 좋아짐을 느끼게 될 것이다. 그리고 이것이 습관화된다면, 별도의 시간을 빼지 않고도 할 수 있는, 아주 훌륭한 실전적인 공부방법 하나를 얻게 되는 것이다. 저자는 이 방법의 꾸준한 적용을 통해서, 별도의 시간을 내지 않고도 흐트러진 지식들의 정리 및 잘 풀리지 않던 문제에 대한 실마리 찾기 등의 직접적인 도움 이외에도 장소에 크게 구애 받지 않고 쉽게 집중할 수 있는 능력을 갖게 되었다고 생각한다. 간혹 왜 그렇게 딴 생각을 하냐고 핀잔을 받을 때도 있지만……. ^^

01

알고 있는 것과 해야 할 것

지금까지 아이들의 현재 공부방법에 어떤 문제점들이 있고, 공부는 왜 해야 하는지를 알아보는 과정을 통해 올바른 공부의 방향을 잡았다. 그리고 그러한 방향에서 공부를 어떻게 하면 효과적으로 할 수 있는 지에 대한 구체적인 구성 요소 및 각각의 실행방법들을 살펴보았다. 즉 이제는 올바른 공부의 방향과 실행방법에 대해 알고 있다.

이제 남은 것은 그것을 실천에 옮기는 것이다. 그리고 정기적으로 자신이 잘하고 있는지 상태를 평가하고, 필요한 조치를 취하며 앞으로 나아가는 것이다.

우리 학생들은 그 동안 자신이 해온 상황에 따라 각자의 출발점이 모두 다르게 된다. 그리고 공부의 방향을 잘 잡느냐 못 잡느냐에 따라 따라갈 수 있는 노선이 결정되어 진다. 그리고 얼마나 꾸준히 노력을 하느냐에 따라 어디까지 가느냐가 결정되어 질 것이다.

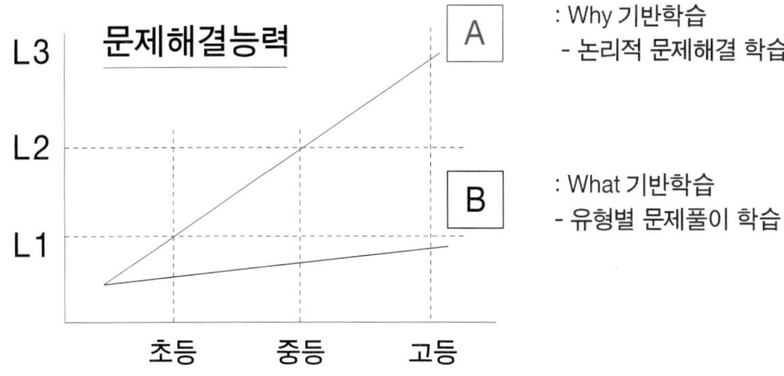

위의 그래프는 논리적 사고를 통한 문제해결학습은 Level 3까지 향상을 기대할 수 있으나, 단순히 유형별 문제풀이학습은 Level 1이상을 기대할 수 없음을 보여주고 있다. 즉 공부방향의 방향의 중요성을 강조하고 있다.

그리고 아래의 그래프는 공부방법 및 노력에 따라 달라질 수 있는 대표적인 변화 추이를 보여주고 있다.

이제 각기 다른 상황에 처한 학생들이 어떻게 자신에 맞는 방법으로 보다 효과적인 결실을 낼 수 있을 것 인가 고민해 보아야 한다. 그것은 교육에 몸담은 우리들이

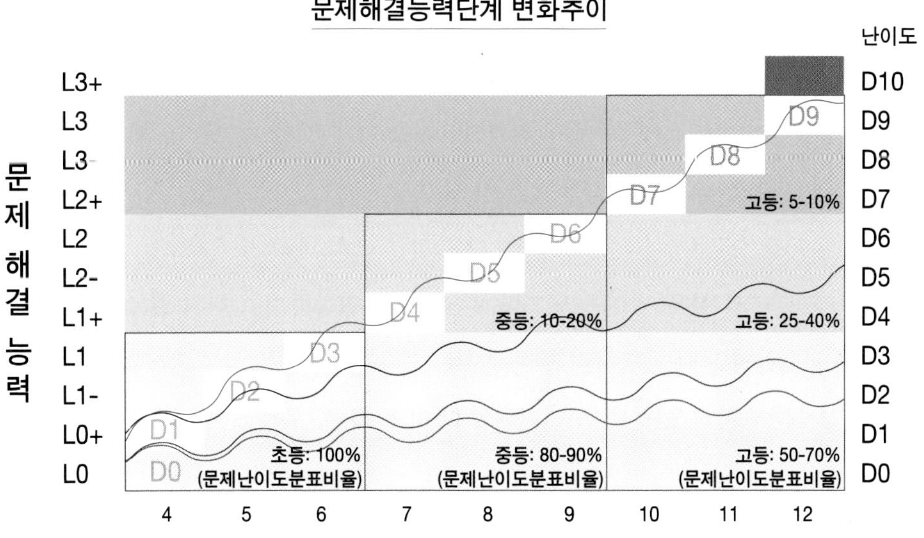

앞으로 계속해서 연구해야 할 과제이기도 하다.

　필자의 경험으로는 자기주도학습에 요구되어지는 논리적인 사고 과정에 대한 훈련을 아이들에게는 적용하는 것은 생각보다 꽤 어려웠다. 가장 큰 이유는 아이들이 문제풀이를 자신의 논리적인 사고과정을 점검하고 훈련하기 위한 소재로 보기보다는 나중에 시험을 잘 보기 위해서 풀어서 답을 구하는 방법을 익히는 것이라 생각하는 것이 강하기 때문이라 생각된다. 그런데 단지 그것에 대한 설명만을 가지고 이미 익숙해 있는 생각을 바꾸어 주기가 쉽지 않았다. 계속된 강조와 더불어 자신의 꾸준한 노력을 통해 최초의 결실이 맺어 질 때, 비로서 강조한 내용을 비로서 느끼고 받아들이기 시작하는 듯 하였다.

　이러한 측면에서 저자가 그 동안 직접 학원을 운영해 오면서 경험한 학생들의 유형을 간략히 정리해 보았다.

　타입 가. 스스로 잘해보려는 의지를 갖고 있지만, 노력만큼 결과가 나오지 않았던 학생들은
　▶ 공부의 방향을 똑바로 잡아줌으로써 성적향상 뿐만 아니라 기반능력 향상측면에서 바람직한 결과를 보였다. 또한 논리적으로 이론과 문제를 풀어가는 자기주도학습과정을 통해 아이들은 공부가 지겹지만은 않다는 것을 알아가는 듯 하였고, 스스로 실력이 늘고 있다는 것을 느끼는 것 같았다.

　타입 나. 잘하고 싶은 욕심은 있지만, 굳이 애써 변화하려고 하지 않고 현재의 유지 또는 최소한의 노력만을 하려는 학생들은
　▶ 수업시간에 가르치는 내용을 이해를 하려고 하여, 무엇을 어떻게 공부해야 하는 지, 즉 올바른 공부의 방향에 대해서 느끼는 것 같았다. 그러나 당장의 학교시험

수준을 넘어서는 난이도의 문제를 풀려는 마음을 갖지 않아, 당장의 기반능력의 향상을 꾀하기는 어려움을 가지게 된다. 따라서 현재 학년의 성적은 무난해 보이나, 상급학년으로 진학 시에 대한 준비 측면에서는 부족하게 된다. 만약 이런 학생들이 당장 편하자고, 논리적인 사고과정을 통해 문제를 푸는 것 대신에 단순히 문제풀이 패턴을 익히는 학습 형태로 공부를 한다면, 공부의 양이 충분히 많지 않을 경우 어려운 시험에 대해서는 좋은 성적을 기대하기 어려울 뿐 아니라 무언가를 외워야 하는 공부를 지겹게 생각하게 될 것이다. 즉 흥미를 갖지 못해 미래에 바람직한 동기가 생겨도 그 기회를 잡기 어렵게 될 것이다.

　▶ 이런 아이들의 경우, 이론의 개념·원리에 기반하여 어떻게 논리적으로 문제들을 풀어 갈 수 있는지에 대해 중점을 두고 수업을 진행하도록 한다. 선생님 주도의 기본적인 예제학습 후, 스스로 문제를 풀어가도록 하고, 그 양을 점차 늘려감에 따라 그러한 과정의 적용을 체득화 할 수 있도록 하는데 초점을 맞추어야 할 것이다.

타입 다. 잘하고 싶은 욕심은 있어 변화하고자 하지만, 아직 필요한 노력을 하지 않는 학생들은

　▶ 수업시간에 가르치는 내용을 이해를 하려고 하여, 무엇을 어떻게 공부해야 하는 지는 느끼는 것 같았으나, 추가적인 노력을 통해 그러한 변화를 자기 것으로 만들지를 못해, 당장의 성적은 떨어지지는 않으나 능력 향상의 기미는 그다지 보이지 않았다. 향후 의지를 가지고 스스로 노력하고자 하는 동기가 생겼을 때 그 기회를 잡을 수 있도록, 올바른 공부의 방향을 유지하며 때를 기다려봐야 할 것 같았다. 만약 노력이 적은 이런 학생들이 당장 편하자고, 논리적인 사고과정을 통해 문제를 푸는 것 대신에 단순히 문제풀이 패턴을 익히는 학습 형태로 공부를 한다면, 공부의 양이 적기 때문에 조금만 어려워도 좋은 성적을 기대하기 어려울 뿐 아니라 무언가를 외워야 하는 공부가 지겨울 뿐, 흥미를 갖지 못해 미래에 바람직한 동기가 생겨도 그 기회를 잡기 어렵게 될 것이다.

▶ 이런 아이들의 경우, 타입 나와 마찬가지로 이론의 개념·원리에 기반하여 어떻게 논리적으로 문제를 풀어 갈 수 있는지에 대해 중점을 두고 수업을 진행하지만, 선생님 주도의 예제학습을 늘려 그러한 과정을 분명히 느끼도록 하는 데 초점을 맞추어야 할 거이다. 그리고 아이의 성취에 따라 스스로 문제를 풀어가는 분량을 늘려야 할 것이다.

타입 라. 그다지 잘하고 싶은 욕심도 없고, 필요한 노력도 하지 않는 학생들은

▶ 수업의 집중도가 떨어져 내용전달의 어려움이 많다. 논리적인 사고과정을 통해 문제를 풀려고 하지 않고, 문제풀이 패턴을 쉽게 익히려고 한다. 숙제도 잘 하지 않아 자기주도학습방법을 적용하기에는 무리가 따른다.

▶ 이런 경우 대부분 스스로에 대한 자신감이 거의 없기 때문에, 우선은 알았다는 느낌이 들도록 이론의 개념과 원리를 전달하는 데에 초점을 맞추어 스스로의 힘으로 문제를 풀 수 있는 케이스를 늘려감에 따라 자신도 할 수 있다는 생각을 갖도록 해야 할 것이다. 그때까지는 선생님이 주도적으로 수업을 끌어가야 할 것이고, 문제풀이 또한 주요 패턴학습 형태로 진행되어야 할 것이다.

02

잘 해나가고 있는 것일까?

❶ 문제해결능력 평가체계

자신의 노력의 성과를 가시화하는 것은 매우 중요하다. 왜냐하면 그래야만 지속해나갈 수 있는 흥이 생기기 때문이다. 그러면 아이들이 노력을 통해 문제해결능력이 향상되고 있다는 것을 어떻게 알 수 있을 것인가? 아마도 제일 먼저 떠오르는 첫 번째 지표는 학교시험일 것이다. 그러나 모든 학생들을 대상으로 하는 학교 시험문제는 대부분 중간 난이도 수준을 유지하기 때문에, 단계적 훈련의 성과를 가시화하기 위한 세부적인 관리측면에서의 문제해결능력 평가지표로 삼기에는 부적당하다. 따라서 우선은 문제를 난이도별로 단계를 구분하여 평가소재로 삼는 것이 필요하게 된다.

다음은 이러한 목적을 달성하기 위한 하나의 문제해결능력 관리체계이다.

(1) 난이도 관리

- 난이도 단계의 구분

  D0/D1 - 이론의 기본 개념·원리 확인문제

  D2 - 이론의 변화 적용 및 문제해결과정 훈련을 위한 1 단계 연습문제

  → 학교시험기준 초등 90%, 중등 60%, 고등 30% 수준

  D3 - 이론의 변화 적용 및 문제해결과정 훈련을 위한 1 단계 심화문제

  → 학교시험기준 중등 80%, 고등 60% 수준

  D4 - 이론의 변화 적용 및 문제해결과정 훈련을 위한 2 단계 연습문제

  → 학교시험기준 고등 70% 수준

  D5 - 이론의 변화 적용 및 문제해결과정 훈련을 위한 2 단계 심화문제

  → 학교시험기준 고등 80-90% 수준

  D6 - 이론의 변화 적용 및 문제해결과정 훈련을 위한 2 단계 고난도문제

  D7 - 이론의 변화 적용 및 문제해결과정 훈련을 위한 3 단계 연습문제

  D8 - 이론의 변화 적용 및 문제해결과정 훈련을 위한 3 단계 심화문제

  D9 - 이론의 변화 적용 및 문제해결과정 훈련을 위한 3 단계 고난도문제

(2) 문제해결능력 관리

- 의미 : 이론 학습 이후 논리적인 사고과정을 통해 문제를 풀 수 있는 사고력의 깊이

- 문제해결능력 단계의 구분

Level 1 : D3 난이도 문제를 최초 시도에서 80%이상 스스로 해결할 수 있는 능력

Level 2 : D6 난이도 문제를 최초 시도에서 80%이상 스스로 해결할 수 있는 능력

Level 3 : D9 난이도 문제를 최초 시도에서 80%이상 스스로 해결할 수 있는 능력

- 문제해결능력의 향상

3개월 이상 특정 난이도의 문제를 최초 시도에서 80% 이상 스스로 해결할 경우, 문제해결능력이 진일보 했다고 평가하고, 훈련 문제의 난이도를 올린다.

참고로, 자신 있게 풀 수 있는 난이도의 문제는 현재 공부하고 있는 최고수준 난이도 문제보다 하나 아래 단계이다.

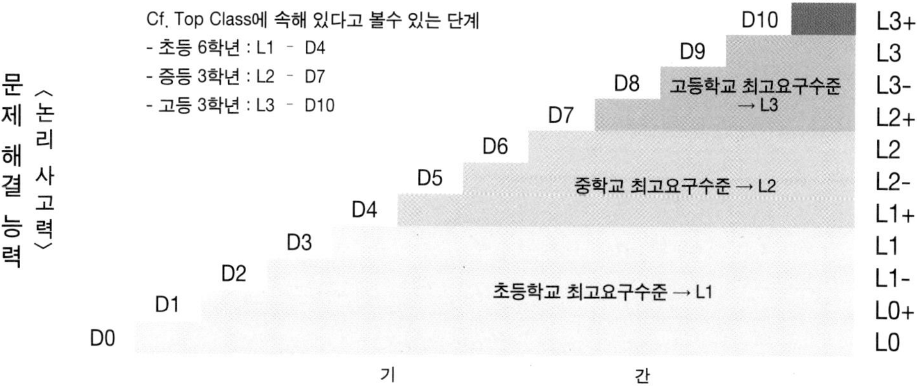

(3) 교재 및 데이터 관리

- 교재 선택 : 시중 교재 중 자신에게 맞는 것을 선택하여 난이도 별로 문제를 나눈다

　→ 예 : 교재1·교재2·교재3 선택

범위	교재1				교재2			교재3	
	확인체크	연습문제	모의고사	심화문제	Step 1	Step 2	Step 3	Step A	Step B
난이도	D1	D2	D3	D4	D5	D6	D7	D8	D9

- 데이터 관리 :

　→ 난이도별로 평가를 위한 별도의 테스트 데이타를 가지고 할 수도 있고, 선택한 교재의 전체 문제를 대상으로 관리할 수도 있다.

　→ 각 교재의 단원 별로 별도의 코드체계를 가지고 있으면 좀더 편리하게 데이터를 관리할 수 있다.

　→ ☆/☆☆ 데이터 별도관리

(4) 데이터 입력 및 추이관리

- 기초 데이타 입력 예

→ Chapter 번호가 적혀져 있는 부분은 주 교재에 대한 아이들의 실제 풀이 결과를 기록하는 용도로, 그리고 Test라고 적혀져 있는 부분은 비 정기적인 테스트를 수행할 경우, 그 데이타를 기록하는 용도로 사용하면 될 것이다.

월	챕터	Ladder D1 문항수	D1 ★	D1 ★★	D1 ★★★	Ladder D2 문항수	D2 ★	D2 ★★	D2 ★★★	Ladder D3 문항수	D3 ★	D3 ★★	D3 ★★★	Ladder D4 문항수	D4 ★	D4 ★★	D4 ★★★	Ladder D5 문항수	D5 ★	D5 ★★	D5 ★★★	Ladder D6 문항수	D6 ★	D6 ★★	D6 ★★★
1월	402	128	11	1		75	8																		
	403	83	7	2		41	6																		
	404	71	7	1		44	7	2																	
	Test																								
	SubT	282	25	4	0	160	21	2	0	0	0	0	0	0	0	0	0	0	0	0	0	0	0	0	0
2월	405	101	8	3		50	6	2																	
	406	70	4			50	7	2																	
	407	77	12	1		50	5	2																	
	408	73	10	4		40	3	1																	
	Test																								
	SubT	321	34	8	0	190	21	7	0	0	0	0	0	0	0	0	0	0	0	0	0	0	0	0	0
3월	401									50	5	3		62	7	4		42	6	5					
	402									40	6	2		73	10										
	Test																								
	SubT	0	0	0	0	0	0	0	0	90	11	5	0	135	17	4	0	42	6	5	0	0	0	0	0
4월	403									42	6	2		63	8	3									
	404									40	6	3		63	7	2									
	405													54	6	2									
	Test																								
	SubT	0	0	0	0	0	0	0	0	82	12	5	0	180	21	7	0	0	0	0	0	0	0	0	0
5월	405									50	4	3													
	406													63	4	6									
	Test																								
	SubT	0	0	0	0	0	0	0	0	50	4	3	0	63	4	6	0	0	0	0	0	0	0	0	0
6월																									
	Test																								
	SubT	0	0	0	0	0	0	0	0	0	0	0	0	0	0	0	0	0	0	0	0	0	0	0	0

- 데이터 입력방법

  → ☆ : 최초 풀이에서 틀린 문항 수 기록

  → ☆☆ : ☆ 문제에 대해 표준문제해결과정에 의거해서 스스로 풀이를 한 후,

      다시 틀린 문항 수

  → ☆☆☆ : ☆☆ 문제에 대해, 선생님의 설명을 들은 후에도, 잘 이해가 되지

      않은 문항 수

  이런 문제는 한 단원이 지난 후에, 다시 풀어본다.

  → 문항 수는 교재에 있는 해당 난이도의 전체 문제 수이다.

- 월별 데이타 추이분석 기본 데이타 작성 예

  → 이 분석 데이터는 기초 데이터를 가지고 집계하여 만들어 진다.

  → 난이도별 월별 종합 데이터 추이를 통해서 아이의 현재 실제 사고력(문제해결

    능력) 수준이 어디인 지를 정확히 판단할 수 있다.

☆ 기준 월별추이 종합						
	D1	D2	D3	D4	D5	D6	전체
6월	90.3%	81.0%		85.1%			86.0%
7월	78.0%	78.4%		73.7%			77.1%
8월	77.4%	82.9%		52.0%			77.5%
9월	91.8%	88.5%	71.7%	72.8%			83.0%
10월			73.9%	80.9%			77.3%
11월	85.5%	84.1%	78.7%	87.0%			84.7%
12월	83.5%	84.9%		78.1%			82.5%
1월	89.7%	85.6%					88.2%
2월	86.9%	85.3%					86.3%
3월			82.2%	84.4%	73.8%		82.0%
4월			79.3%	84.4%			82.8%
5월							

- 월별 추이 데이타 해석방법

→ D1은 이론의 개념·원리에 대한 이해도를 묻는 예제문제인데, 초기에는 조금 부족하다가 9월 이후에는 안정궤도에 들어 섰음을 알 수 있다.

→ 이론 이해 후 1단계 변형(D2 난이도)문제는 전반적으로 잘 소화하고 있음을 알 수 있다.

→ D3·D4 난이도 심화문제는 9월까지는 약간 부족한 면을 보였으나, 9월 이후 나름 안정적인 모습을 보이고 있다.

→ 1·2월 신 학년도에 들어서 D1·D2 데이터가 안정적으로 80%를 넘어서는 것을 보니, 새로운 이론공부도 잘하고 있음을 알 수 있다.

→ 개학 후 3·4월에 심화문제가 꾸준한 안정세를 보이고 있으며, D5 난이도 문제도 훌륭히 소화해 내고 있음을 알 수 있다. 현재 난이도 D4를 풀어갈 수 있는 문제해결능력을 갖추고 있다고 판단된다.

- 단원별 데이타 추이분석 기본 데이터 작성 예

  → 이 분석 데이터는 기초 데이터를 가지고 집계하여 만들어 진다.

  → 난이도에 따른 단원별 종합 데이터 추이를 통해서 아이의 현재 실제 사고력
  (문제해결능력) 수준 및 어느 단원을 특별히 더 어려워 하는 지를 정확히 판단
  할 수 있다.

<table>
<caption>☆ 기준 단원별 추이 종합</caption>

단원	D1	D2	D3	D4	D5	D6	전체
305	92%	72%		92.3%			87%
306	89%	90%		72.0%			85%
307	89%	78%		72.2%			81%
308	70%	73%		75.0%			72%
309	76%	90%	70%	52.0%			73%
310	71%	81%	66%	78.1%			74%
311	56%	79%	80%	69.4%			71%
312	70%	89%	70%	74.0%			76%
313	92%	85%	68%	86.4%			87%
314	91%	95%	88%	85.7%			90%
315	85%	88%	79%	88.5%			85%
316	86%			78.1%			83%
Test		83%					83%
401	83%	85%	84%	82.3%	74%		82%
402	91%	89%	80%	86.3%			88%
403	89%	85%	81%	82.5%			85%
404	89%	80%	78%	85.7%			84%
405	89%	84%	86%	85.2%			87%
406	94%	82%		84.1%			87%
407	83%	86%					84%
408	81%	90%					84%
</table>

- 단원별 추이 데이터 해석 방법

  → 일반적인 데이터 해석방법은 월별 추이 데이터 해석방법과 동일하다.

  → 전반적으로 학년이 올라가서 데이터가 안정적인 추세를 보이고 있다. 현재 난
  이도 D4를 풀어갈 수 있는 문제해결능력을 갖추고 있다고 판단된다.

  → 특이사항으로는 311 단원은 이론의 개념에 대한 이해를 상대적으로 많이 어
  려워 했음을 알 수 있다.

(5) 문제해결능력 추이분석 예

실제적인 진행상태를 보다 쉽게 상상할 수 있도록, 앞서 언급한 네 가지 타입 별로 가능한 추이 그래프를 예제로 삼았다. 이 그래프는 집계된 월별 추이 데이타로부터 만들어 진다.

가. 분명한 의지를 가지고 꾸준한 노력을 하는 경우, 예상 그래프

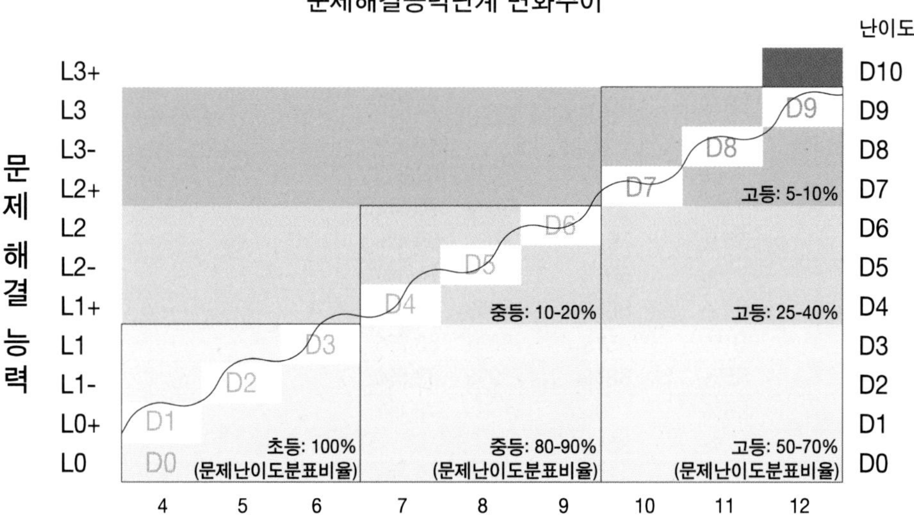

나. 욕심은 있으나, 일정 수준의 노력이상을 하지 않을 경우, 예상 그래프

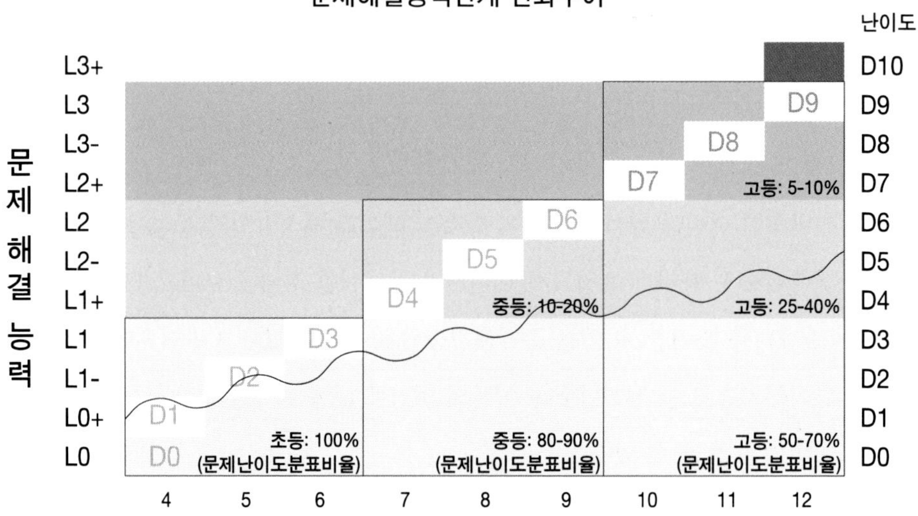

다. 욕심은 있으나, 필요한 노력을 잘 하지 않을 경우, 예상 그래프

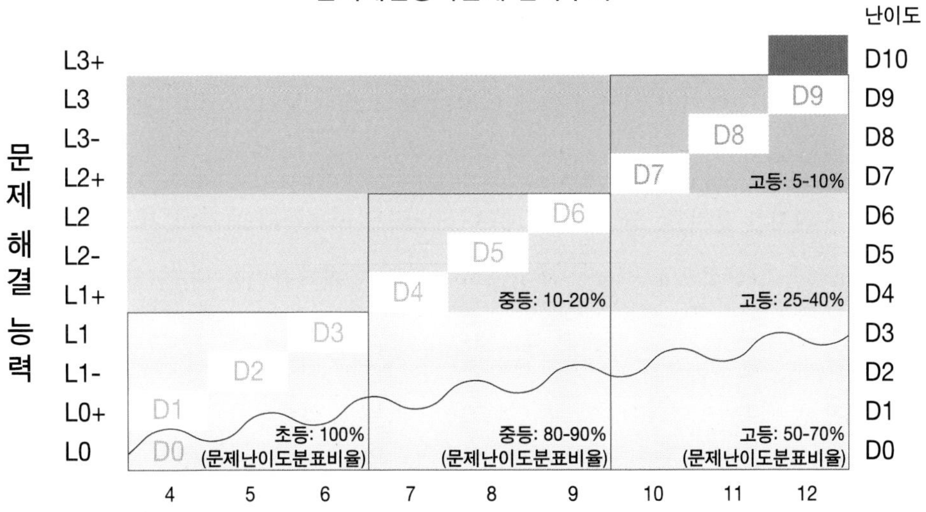

라. 학원수업에만 의지하고, 별도의 자율 노력을 하지 않을 경우, 예상 그래프

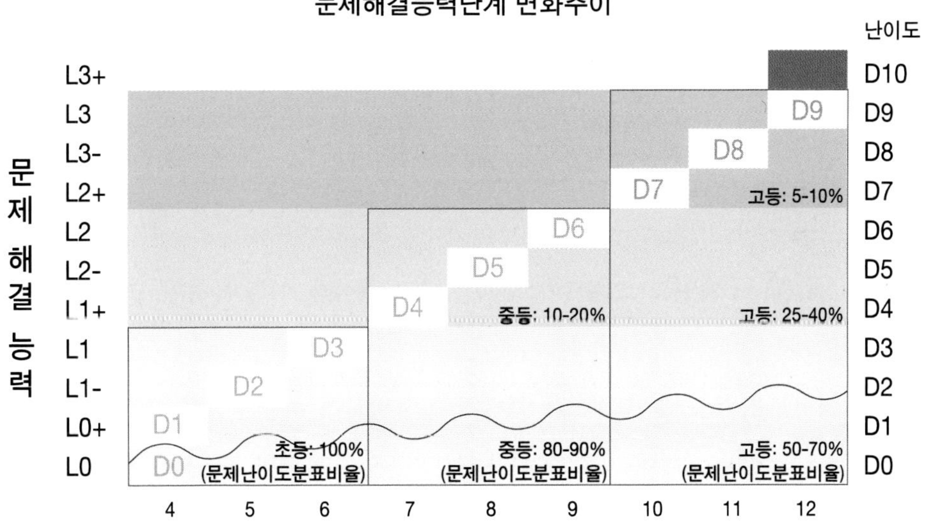

❷ 효과적인 변화관리 : 바람직한 교육시기별 중점목표

자신이 변화하고자 하는 의지를 가졌다면, 이미 늦은 때란 없다. 그때부터 열심히 해 나가면 된다.그렇지만 시기에 따라 열심히 해야 하는 노력의 양이 다르다는 것을 받아들여야 한다.

웬만한 의지를 갖지 않고서는 힘에 부치는 노력을 지속한다는 것이 거의 불가능하므로, 우리는 일상적으로 가능한 범위에서 효과적인 변화관리를 해 나가야 한다.

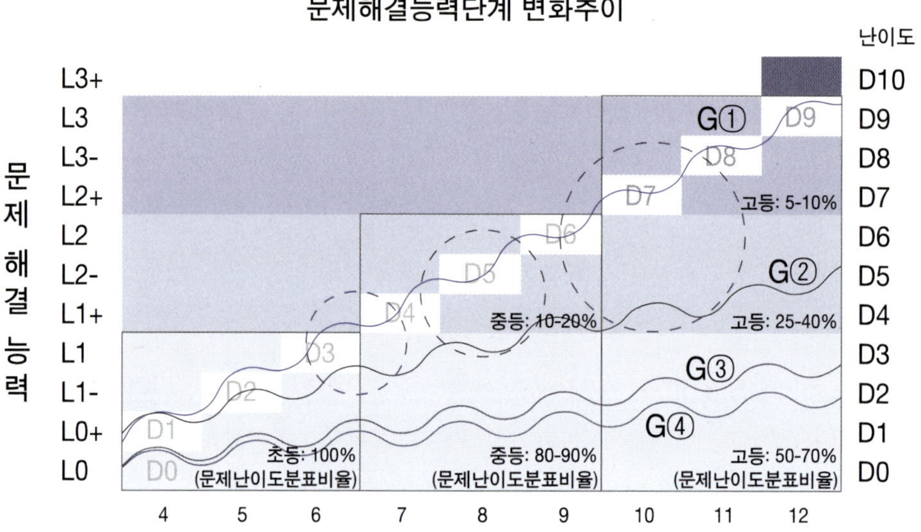

누구나 G① 이 자신의 그래프가 되기를 바랄 것이다. 어떻게 하면 그렇게 될 수 있을 것인가?

이제 여러분은 알 수 있을 것이다. 간단하다, 올바르게 공부의 방향을 잡고, 꾸준히 열심히 하는 것이다. 얼마나 열심히 해야 하는가? 이것에 대한 기준으로 학년별로 아이들이 습관으로 길들여야 할 하루 평균 최소 자율공부시간을 아래에 예시하였다.

학년	초등학교	중학교	고등학교
최소자율집중공부시간	40 분	1 시간	2 시간

하루에 이 시간만큼 스스로 집중하여 공부를 하는 것은 의지를 가진 아이라면, 그리 어려운 일은 아닐 것이다. 그런데도 80% 이상의 학생들은 그렇게 하지 못하는 것이 안타깝지만 현실이다. 세상은 경제적인 측면에서는 살기 편해 졌지만, 반대 급부로 정신적인 측면에서는 그만큼 쉽게 얻으려고만 하는 행태가 만연되어 있는 것 같다. 아이들과 상담해 보면, 많은 경우 공부를 잘 못해도 살아갈 수 있다고 대답한다. 물론 성인에게는 틀린 말은 아니지만, 조금만 더 노력하면, 자신이 얻을 수 있는 많은 삶의 기회를, 당장 하기 싫다고 미리 저버리고 있는 것 같았다. 더불어 아이들이 학생시절에 진정한 노력의 가치를 배우지 못하는 것 같아, 너무도 안타까웠다.

다시 한번 강조하지만, 이 세상에 노력하지 않고 얻을 수 있는 가치있는 것은 없다.

누구나 올바른 훈련을 통해 똑똑해 질 수 있지만, 그것은 꾸준한 노력을 통해서만 이루어 지는 것이다. 즉 문제해결능력은 스스로 집중하여 공부할 때, 비로서 향상되기 시작한다!!!

이것은 마치 집중하여 운동하면, 땀이 나는 순간부터 근육이 생기기 시작하는 것과 같은 이치이다. 산책하듯이 띠엄 띠엄 공부를 해서는 문제해결능력 향상을 기대하기 어렵다.

효과적인 변화관리를 위해서 아이들에게 초등학교-중학교-고등학교 시절에 각각 주안점을 두고 가르쳐야 할 것은 무엇일 지 알아 보자.

초등학교 시절에는 공부의 방향성과 기본 자세를 갖추는 것에 치중하자.

첫 번째, 공부의 방향에 대한 올바른 인식을 심어주는 것이 중요하다. 즉 공부는 무언가를 외워서 시험을 보기 위한 것이 아니라 똑똑해 지기 위함이라는 것이다.

두 번째, 표준문제해결과정에서는 내용형상화 과정에 초점을 맞추어, 문제를 바라보는 정확한 시각을 갖추고, 서술형 문제에 대한 두려움을 없애는 것이 필요하다.

세 번째, 하루 40분씩 스스로 집중하여 공부하는 습관을 들이도록 한다.

중학교 시절에는 논리적인 사고를 통한 기반학습능력 향상 및 올바른 공부습관을 정착시키는 것에 치중하자.

첫 번째, 힘든 고비를 몇 번 이겨내는 꾸준한 노력의 과정을 통해 결실을 맛보는 성취경험을 갖도록 하는 것이 중요하다. 이것을 공부가 아닌 외부활동을 통해서도 간접 경험을 할 수 있다.

두 번째, 표준문제해결과정에서는 내용형상화와 이론적용 과정에 초점을 맞추어, 주어진 조건들을 모두 이용하여 가장 효과적인 이론을 찾아내어 문제를 논리적으로 풀어낼 수 있음을 느낄 수 있어야 한다.

세 번째, 하루 1시간씩 스스로 집중하여 공부하는 습관을 들이도록 한다.

고등학교 시절에는 집중적인 노력을 통해서 최대한의 결과를 끌어내는 것에 치중하자.

첫 번째, 자신의 꿈·인생을 설계해 봄으로써, 노력을 최대한 끌어내기 위한 구체적인 동기 및 의지를 갖도록 한다.

두 번째, 표준문제해결과정의 전체적인 순환적용을 통해 자신의 논리적인 사고의 흐름을 체득화하고, 같은 사고과정을 통해 이론에 대한 자기주도학습을 할 수 있음을 터득해야 한다.

세 번째, 하루 2시간씩 스스로 집중하여 공부하는 습관을 들이도록 한다. 그리고 올바른 공부방향을 유지한다면, 습관화된 자율집중공부 시간은 자신이 따라갈 그래프의 기울기를 결정한다는 것을 느낄 수 있어야 한다.

다음은 쉽게 비교할 수 있도록 이 내용을 차트로 정리한 것이다.

각 교육시기에 무엇에 중점을 둬야 하는가?

	이론범위	학교시험 문제 난이도	학습능력 요구사항		
			이론이해능력	문제해결능력	실행능력
초등학교 - 연산능력 - 논리 사고력 - 자율공부 습관 - 독서 **공부습관 형성시기**	적다	낮다 (〈Level 1) - 80%가 L0.6 이하 **공부는 지겹고 힘든 것 → 눈에 보이게**	- 기초 이론에 대한 이해	- 문제내용의 형상화 : 50% → L0.6 이하는 문제 변형이 적어, 이론의 암기학습으로도 크게 무리가 없으나, 그 이상의 난이도를 넘는 문제를 풀기 위해서는 이론의 개념/원리에 대한 이해가 반드시 필요 - 계획및 실행(연산능력) : 50% → 계산의 정확도 및 속도 훈련	- 기초이론 개념의 체득화 → 체득화가 되가 않아도 당장의 시험자체에는 크게 무리가 없으나, 그렇지 못할 경우 상급학교과정에서 어려움을 겪게 됨 - 일일 자율집중 공부습관 : 최소 40분
중학교 - 지식지도 - 문제 해결 능력 - 자율공부 습관 - 꿈/동기 **기반학습 능력 향상**	초등 *x배 이상	보통 (〈Level 2) - 80%가 L0.8 이하	- 기본 이론의 이해 : 초 이론과의 연결능력 **초등학교때 공부하듯이 한다. - 공부습관**	- 문제내용의 형상화 : 70% - 관련 이론적용 : 20%	- 기본이론 원리의 체득화 - 문제해결과정의 체득화 1단계 -일일 자율집중 공부습관 : 최소 1시간
고등학교 - 지식지도 제작능력 - 문제해결 능력 - 자율공부 습관 - 목표/의지 **의지 실천**	중등 *y배 이상	높다 (〈Level 3) - 70%가 L1.0 이하	- 심화 이론의 이해 : 기본이론과의 연결능력 **기반학습능력 부족으로 비효율적이다.**	- 문제내용의 형상화 : 50% - 목표의 구체화 : 10% - 관련 이론적용 : 40%	- 이론 연결과정의 체득화 - 문제해결과정의 체득화 2단계 - 일일 자율집중 공부습관 : 최소 2시간

- 위의 표에서 짙은남색 글씨 부분은 각 시기별 대표적인 문제점들을 나타내고 있다.

CHAPTER 결언

실력이 가장 빨리 느는
방법에 대한 청사진

이론 학습과정
문제풀이 학습과정

지금까지 수학공부를 올바르게 하는 방법, 자기주도학습 방법과 그 의미 그리고 구체적인 절차에 대해 알아보았다. 이제 그러한 내용들을 종합하여, 쉽게 머리에 떠올릴 수 있도록 수학공부에 대한 하나의 청사진을 만들어 보자.

큰 줄기는 "논리적인 사고를 기반으로 한 문제해결능력을 단계적으로 키우는 쪽으로 공부의 방향을 잡고, 집중적인 훈련을 통해 체득화 함으로써 키워진 능력의 실전 적용에 대한 정확도와 속도를 향상시킨다." 이다.

구체적으로는

- 이론 학습과정:
1. 표준 이론학습 과정에 기준하여, 각 단원의 이론에 대한 일차 자기주도학습을 수행한다.
2. 체크된 모르는 부분에 대해, 수업시간에 선생님께 질문하고 답변을 듣는 과정을 통해, 각 이론에 대한 자신의 일차 지식지도를 완성한다.
   - 이 지식지도의 완성도는 자신의 문제해결능력 단계에 따라 상이하다.
   - 이론의 내용을 이미지화해서 상상하고, 그것을 남에게 설명할 수 있다면, 이론공부를 제대로 했다는 것을 의미한다.

- 문제풀이 학습과정:
1. 표준 문제해결 과정에 기준하여, 각 난이도별 문제를 풀고 틀린 문제를 찾아낸다.
   - 공부하는 과정에서 문제를 틀렸다는 것은, 자신의 현재 실력을 높일 수 있는 기회를 잡았다는 것을 의미하므로 실망할 것이 아니라 그 원인을 찾아 실력을 높일 수 있어야 한다.
   - 현재 난이도에서 틀린 문제가 없을 경우, 문제의 난이도를 높여서 풀어야 한다.

2. 틀린 문제에 대해, 표준 클리닉 과정에 기준하여 자신의 논리적인 사고과정을 점검하고, 잘 못하고 있는 부분을 찾는다. 그리고 해당 부분을 발생시킨 자신의 사고의 과정을 살펴보고 그 원인을 찾아, 자신의 현재 사고 패턴에 변화를 준다.

- 1차 자율 클리닉을 통해 틀린 원인을 찾지 못할 경우, 수업시간에 선생님을 통해 2차 클리닉을 받고 무엇이 문제였는지 그리고 어떻게 보완해야 하는 지 알아낸다.

- 틀린 문제의 원인이 논리적인 사고의 과정 이전에 관련 이론에 대한 이해 부족으로 나타날 경우, 자신의 해당 이론에 대한 지식지도를 보완한다.

3. 꾸준한 자율집중 훈련을 통해 변화된 사고 과정을 체득화 한다. 체득화 수준에 따라 문제해결의 속도와 정확도는 점점 높아질 것이다.

- 이 과정을 게을리 하여, 배운 내용을 제때에 자기 것을 만들지 못한다면, 일정 시간이 지나면 자연스럽게 잊혀 지게 되어. 그때까지 투자한 노력을 수포로 만들게 될 것이다.

위 과정의 반복을 통해 자신의 문제해결능력 레벨을 단계적으로 향상시킨다. 그리고 노력과 결실이라는 성취 경험을 통해 올바른 공부습관이 몸에 베도록 한다.

참고로 문제해결능력 단계가 높아질 수록, 이론에 대한 지식지도 작성의 효율성은 점점 좋아질 것이며 또한 미리 연습해 보아야 할 문제의 수는 점점 줄어들 것이다. 반면 문제해결능력을 높이지 못한다면, 이론들은 개별적으로 외워야 할 대상이 될 것이며, 문제의 난이도가 높아질 수록 미리 풀어서 익혀야 할 문제의 수는 기하급수적으로 늘어날 것이다.

이러한 방법이 본인 스스로 똑똑해지고 있음을 느끼면서, 최소한의 노력을 통해 실력을 향상시킬 수 있는 가장 좋은 방법이다.

여러분이 문제해결능력 2단계를 넘어선다면, 당신은 서울대에 갈 수 있는 기본 여건을 갖추었다고 할 수 있다. 그러면 노력의 결과는 당신의 것이 될 것이다.

Appendix

내용형상화 도구 : 함수 그래프 그리기

이 함수 그래프 그리기는 한 단원의 주제 이상으로 특히 아주 중요하다. 왜냐하면 이것은 문제풀이를 효과적으로 하기 위한 첫 번째 과정인 내용 형상화를 위한 가장 중요한 도구이기 때문이다. 내용형상화는 단위 문장별로 1차 수식으로 옮기고, 2차 그림으로 종합하여 표현하는 것이라 할 수 있는데, 수식을 그림으로 표현하는 가장 유용한 방법이 함수 그래프 그리기이다.

- $y = f(x)$ 그래프의 수학적 정의 :

주어진 관계식, $y = f(x)$를 만족하는 모든 점들을 좌표상에 나타낸 것이라 할 수 있다. 즉 $y = f(x)$의 그래프는 어렵게 생각하지 말고, 정의역에 해당하는 x변수에 몇 가지 값을 대입하여 만족하는 y값들을 가지고 순서쌍 (x, y)를 만들어 그 점들을 좌표상에 표시하면 될 것이다. 만약 그래프의 표준형을 안다면, 몇 개의 점들을 가지고도 보다 정확한 그래프의 개형을 그려낼 수 있을 것이다.

1) y = f(x)의 표준형 그래프의 개형을 논리적으로 알아내기

주어진 관계식의 형태를 통해 알 수 있는 조건들을 찾고, 그것들을 가지고 개괄적인 그래프의 모습을 그려 보자.

가. 짝수차 다항함수 (예 : $y = x^2 + bx + c$, $y = x^4 + bx^3 + cx^2 + dx + e$, ……)

❶ $x \to -\infty$와 $x \to +\infty$에서의 함수이 모두 양의 무한대 값을 가지므로 그래프 개형은 전체적으로 아래로 볼록인 형태를 띨 수 밖에 없다.

❷ (미분이전 해석) $y = 0$일 때 x축과의 교점은 2차 방정식과 4차 방정식의 해를 의미하므로, 해가 존재한다면 일반적으로 각각 2개, 4개가 될 것이다.

(미분이후 해석) 1차 도함수 $f'(x) = 0$, 기울기 0이 되는 극점이 각각 1개, 3개가 될 것이다.

→ ❶과 ❷의 조건을 만족하는 그래프는 결국 아래의 형태를 띨 수 밖에 없게 된다.

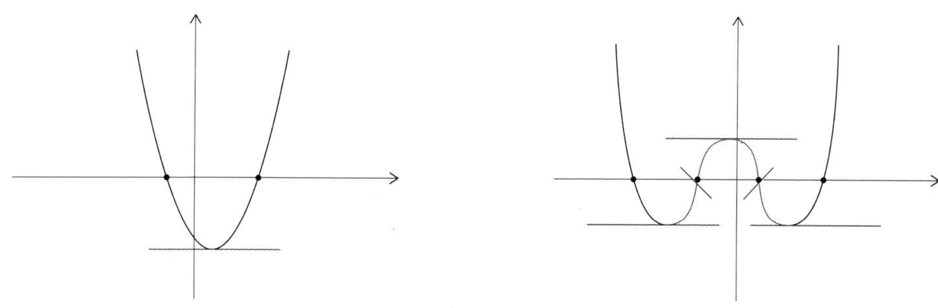

나. 홀수차 다항함수 (예 : $y = x^3 + bx^2 + cx + d$, $y = x^5 + bx^4 + cx^3 + dx^2 + ex + f$, ……)

❶ $x \to -\infty$에서의 함수값은 음의 무한대, $x \to +\infty$에서의 함수값은 양의 무한대 값을 가지므로, 이 그래프는 한 번은 x축을 통과해야만 한다.

이 뜻은 $y = 0$에서의 홀수차 다항 함수는 최소 하나의 실근을 가진다는 것을 의미한다.

❷ (미분이전 해석) y = 0일 때 x축과의 교점은 3차 방정식과 5차 방정식의 해를
의미하므로, 해가 존재한다면 일반적으로 각각 3개, 5개가 될 것이다. (미분이후
해석) 1차 도함수 f'(x) = 0가 되는 극점이 각각 2개, 4개가 될 것이다.

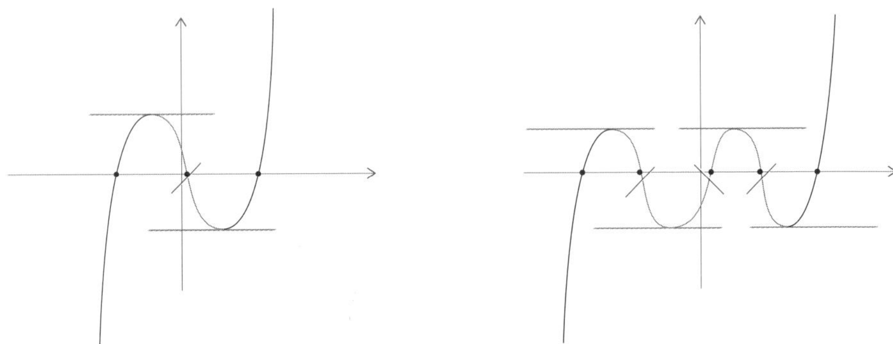

→ 변곡점의 이해 : 1차 도함수 f'(x)는 원함수 그래프의 각 점에서의 $\Delta y / \Delta x$,
즉 순간기울기를 뜻한다. 그리고 2차 도함수 f'(x)는 1차 도함수 f'(x)의 기울
기, 즉 원함수 그래프의 기울기의 변화율을 뜻하므로, f''(x) = 0가 되는 점을
기점으로 기울기의 변화가 - (위로 볼록)에서 + (아래로 볼록), 또는 + (아래
로 볼록)에서 - (위로 볼록)로 바뀐다는 것을 의미한다.
말하자면 f''(x) = 0가 되는 점들이 변곡점이 된다.

다. 홀수차 분수함수 (예: 1/x, 1/x3, ……)

❶ 분수함수 이므로 분모가 0이 되는 x=0에서의 함수값이 존재하지 않고 나머지
정의역의 값들에서는 함수값이 존재하므로, 그래프는 양쪽으로 나뉘게 된다.

❷ x → - ∞에서의 함수값은 -0으로 x → 0-에서의 함수값은 음의 무한대로 향
하며, x → + ∞에서의 함수값은 +0으로 x → 0+에서의 함수값은 양의 무한
대로 향한다.

❸ 주어진 관계식이 분수의 형태이므로 y = 0가 되는 분수방정식의 x값은 존대하

지 않는다. 즉 y = 0인, x축 과의 교점이 없다는 것을 뜻한다.

→ ❶, ❷, ❸의 조건을 만족하는 그래프는 결국 아래 왼쪽 그래프의 형태를 띨

수 밖에 없게 된다.

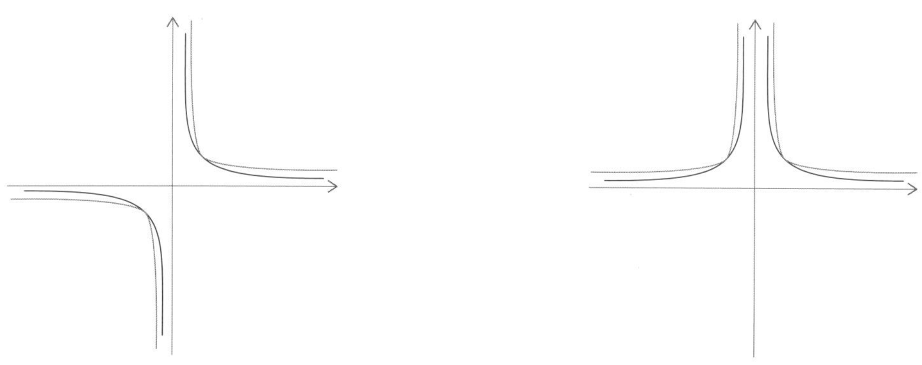

라. 짝수차 분수함수 (예: $1/x^2$, $1/x^4$, ……)

❶ 분수함수 이므로 분모가 0이 되는 x=0에서의 함수값이 존재하지 않고 나머지

정의역의 값들에서는 함수값이 존재하므로, 그래프는 양쪽으로 나뉘게 된다.

❷ x → - ∞와 x → + ∞ 모두 에서의 함수값은 -0으로 x → 0-과 x → 0+에서

의 함수값은양의 무한대로 향한다.

x → + ∞에서의 함수값은 +0으로 x → 0+에서의 함수값은 양의 무한대로 향

한다.

❸ 주어진 관계식이 분수의 형태이므로 y = 0가 되는 분수방정식의 x값은 존대하

지 않는다. 즉 y = 0인, x축 과의 교점이 없다는 것을 뜻한다.

→ ❶, ❷, ❸의 조건을 만족하는 그래프는 결국 위 오른쪽 그래프의 형태를 띨

수 밖에 없게 된다.

마. 지수함수, 로그함수 등 특수함수

- 지수함수 y = ax (a 〉 0)

❶ 지수의 특성상 함수값(치역)은 항상 양수임을 알 수 있다.

❷ $x \to -\infty$ 일 때, 함수값은 0으로, $x \to +\infty$일 때 함수값은 $+\infty$로 향한다.

❸ 특정값 : $x = 0 \to y = 1$

　　→ ❶, ❷, ❸의 조건을 만족하는 그래프는 결국 아래 왼쪽 그래프의 형태를 띨 수 밖에 없게 된다.

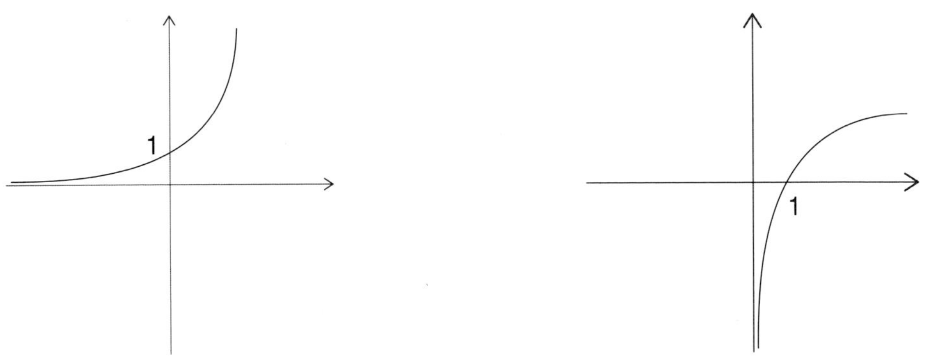

- 로그함수 $y = \log x$

❶ 로그의 정의상 정의역은 항상 양수임을 알 수 있다

❷ $x \to 0+$일 때, 함수값은 $-\infty$ 으로, $x \to +\infty$일 때 함수값은 $+\infty$로 향한다.

❸ 두 번째 조건에서 이 그래프는 x축을 통과한다는 것을 뜻한다.

　그리고 그것은 특정값 $x = 1$, $y = 0$를 가진다.

　　→ ❶, ❷, ❸의 조건을 만족하는 그래프는 결국 위 오른쪽 그래프의 형태를 띨 수 밖에 없게 된다.

- 무리함수 $y = \sqrt{x}$

❶ 루트의 정의상 정의역의 원소 $x \geq 0$임을 알 수 있다. 그에 따라 함수값 $y \geq 0$ 이다.

❷ 정의역 구간의 양 끝값을 알아보면,

　$x \to 0+$ 일 때, 함수값은 0 으로, $x \to +\infty$ 일 때 함수값은 $+\infty$로 향한다.

→ ❶, ❷의 조건을 만족하는 그래프는 아래 그래프의 형태를 띨 수 밖에 없게 된다.

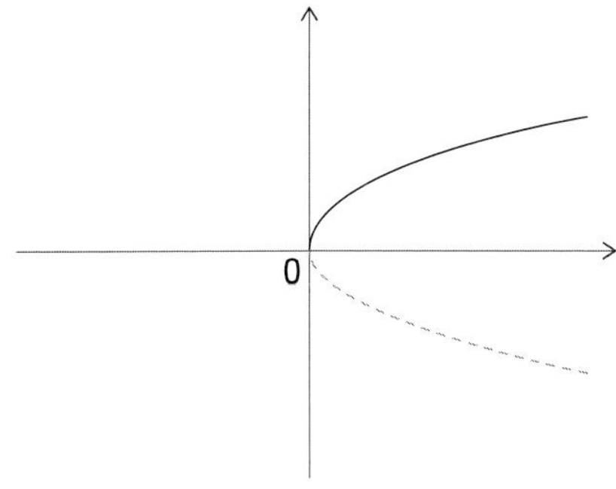

→ 참고로, 주어진 식 $y = \sqrt{x}$의 양변을 제곱하면, $y^2 = x$ (단, $x, y \geq 0$)가 된다.

이 그래프의 형태는 $y = x^2$에서 정의역과 공역을 바꾼 모습, 즉 $Y \to X$로의 함수라 할 수 있다. 다만 그 중 $x, y \geq 0$를 만족하는 부분이다.

지금까지 각 종 표준형 그래프의 개형을 어떻게 논리적으로 생각하여 그려낼 수있는 지 알아보았다. 다음은 대표적인 확장함수들에 대하여, 어떻게 그들을 논리적으로 이해할 수 있는지 그리고 어떤 형태로 표준형 그래프가 변화되는지 알아보도록 하겠다. 예제는 2차 함수로 들었지만, 적용 개념 및 방식은 임의의 함수에 적용 가능하다.

2) y = f(x)의 확장형 그래프 논리적으로 알아내기

이 내용을 보다 쉽게 접근하려면, 함수의 기본적인 성질 및 그래프의 정의에 대한 정확한 이해가 뒷받침 되어야 한다.

f : X → Y, y = f(x)에 사용된 각 구성요소를 살펴보면,

- x는 정의역의 임의의 원소를 의미한다.

- f(x)는 원소 x에 f(function: 기능)에 해당하는 어떤 변화를 준 함수값을 의미한다.

- y는 공역의 원소를 의미하므로, y = f(x)는 각 원소 x에 대해 f(x)라는 특정 함수 값에 일치하는 공역의 원소 y를 할당한다는 것을 의미한다.

그리고 이것을 만족하는 값들을 순서쌍으로 표시하면 {(x, y) | y = f(x), x ∈ X, y ∈ Y}가 되고, 이러한 점들을 모두 좌표상에 표시한 것이 해당 함수의 그래프가 되는 것이다.

가. 그래프의 평행이동

① x축 방향으로 p만큼 평행이동 이것은 y = f(x)를 만족하는 모든 점들, {(x, y) | y = f(x), x ∈ X, y ∈ Y}을 y값은 변화 없이 x값만 p만큼 더한 것을 의미하므로 새로운 그래프를 만족하는 점들은 {(x + p, y) | y = f(x), x ∈ X, y ∈ Y}가 된다.

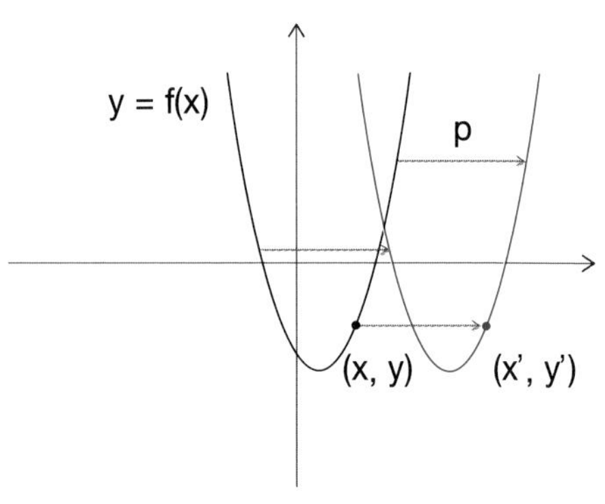

그런데 평행 이동한 새로운 그래프의 관계식은 $y' = f(x')$ 형태로 표현돼야 한다.

따라서 $x' = x + p$, $y' = y$이 된다.

$x = x' - p$, $y = y'$ 이므로 주어진 관계식 $y = f(x)$ 는 $y' = f(x' - p)$로 바뀌게 된다. 즉 새로운 그래프의 관계식은 $y = f(x - p)$가 되는 것이다.

이것을 직관적으로 이해하자면,

$y = f(x)$에서는 $x = a$일 때, $y = f(a)$가 되는데, $y = f(x - p)$에서는 $x = a + p$ 일 때, $y = f(a)$가 되는 것이다. 즉 $(a, f(a)) \rightarrow (a + p, f(a))$

이러한 연유로 원래의 함수식 $y = f(x)$에서 $x \rightarrow x - p$로 바꾼 $y = f(x - p)$의 그래프는 x축 방향으로 p만큼 평행이동한 형태가 되는 것이다.

② y축 방향으로 q만큼 평행이동같은 방식으로 새로운 그래프를 만족하는 점들은 $\{(x, y + q) \mid y = f(x), x \in X, y \in Y\}$가 된다.

따라서 $x' = x$, $y' = y + q$가 되고, $y = f(x)$ 는 $y' - q = f(x')$로 바뀌게 된다. 즉 새로운 그래프의 관계식은 $y - q = f(x) \Leftrightarrow y = f(x) + q$가 되는 것이다.

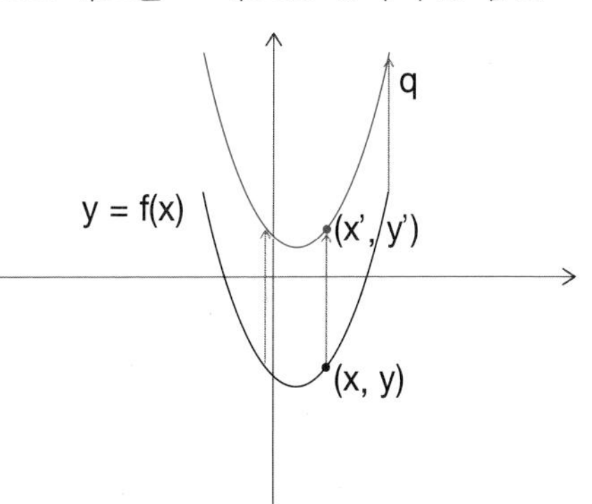

이러한 연유로 원래의 함수식 $y = f(x)$에서 $y \rightarrow y - q$로 바꾼 $y - q = f(x)$의 그래프는 y축 방향으로 q만큼 평행이동한 형태가 되는 것이다.

나. 그래프의 대칭이동

① $x \rightarrow -x$ 로 바꾸면, $y = f(-x)$: y축 대칭

이것은 $y = f(x)$를 만족하는 모든점들, $\{(x, y) \mid y = f(x), x \in X, y \in Y\}$

→ {(-x, y) | y = f(x), x ∈ X, y ∈ Y} = {(x', y') | y' = f(x'), x' ∈ X, y' ∈ Y}로 바뀌게 되는 것을 의미한다. 이 점들은 좌표상에 표시하면, 오른쪽 그림과 같이 원래 그래프의 y축 대칭 형태가 됨을 알 수 있다.

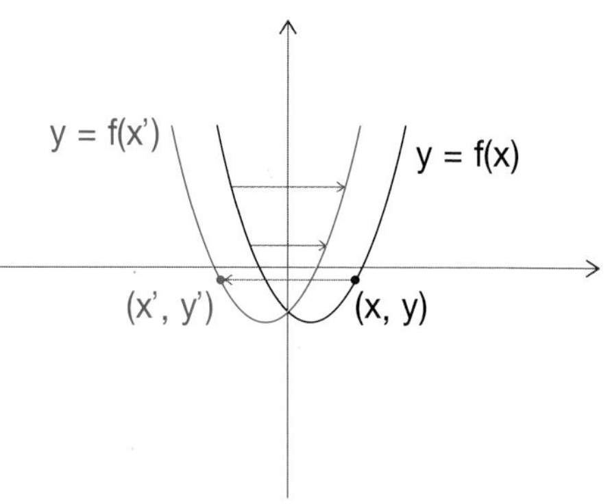

여기서 x' = -x, y' = y 이므로 주어진 관계식 y = f(x) → y' = f(-x')로 바뀌게 된다.

이러한 연유로 원래의 함수식 y = f(x)에서 x → -x 로 바꾼 y = f(-x)의 그래프는 원 함수 그래프의 y축 대칭 형태가 되는 것이다.

② y → -y 로 바꾸면, -y = f(x) : x축 대칭

이것은 y = f(x) 를 만족하는 모든 점 들, {(x, y) | y = f(x), x ∈ X, y ∈ Y}

→ {(x, -y) | y = f(x), x ∈ X, y ∈ Y} = {(x', y') | y' = f(x'), x' ∈ X, y' ∈ Y}로 바뀌게 되는 것을 의미

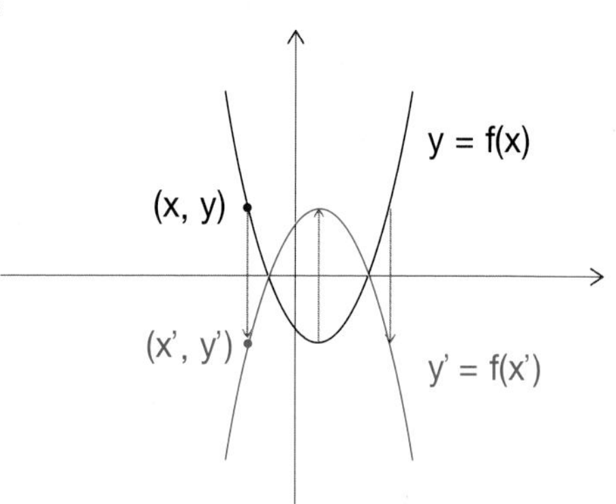

한다. 이 점들은 좌표상에 표시하면, 위의 그림과 같이 원래 그래프의 x축 대칭 형태가 됨을 알 수 있다.

여기서 x' = x, y' = -y이므로주어진 관계식 y = f(x) → -y' = f(x') → y' = -f(x') 로 바뀌게 된다.

이러한 연유로 원래의 함수식 y = f(x)에서 y → -y로 바꾼 y = -f(x)의 그래프는 원 함수 그래프의 x축 대칭 형태가 되는 것이다.

③ x → y & y → x 로 바꾸면, x = f(y) : y = x 직선 대칭

이것은 y = f(x)를 만족하는 모든 점들, {(x, y) | y = f(x), x ∈ X, y ∈ Y}

→ {(y, x) | y = f(x), x ∈ X, y ∈ Y = {(x′, y′) | y′ = f(x′), x′ ∈ X, y′ ∈ Y}로 바뀌게 되는 것을 의미한다. 이 점들은 좌표상에 표시하면, 위의 그림과 같이 원래 그래프의 y = x 직선 대칭 형태가 됨을 알 수 있다.

여기서 x′ = y, y′ = x 이므로 주어진 관계식 y = f(x) → x′ = f(y′)로 바뀌게 된다.

이러한 연유로 원래의 함수식 y = f(x)에서 x → y & y → x 로 바꾼 x = f(y)의 그래프는 원 함수 그래프의 y = x 직선 대칭 형태가 되는 것이다.

다. 절대값을 포함한 함수의 그래프 그리기

① x → |x|로 바꾸면, y = f(|x|) : x ≥ 0 부분을 기준으로 y축 대칭

정의역의 원소 값에 절대값이 씌워진 y = f(|x|)의 그래프를 그리려면, 우선 모르는 부분인 |x| 부터 해결해야 한다. 그런데 |x|는 x의 범위를 나누면 그 값을 결정할 수 있다. 즉

Case 1 : x ≥ 0 → |x| = x : y = f(|x|) → y = f(x) : 원 함수의 그래프를 그대로 따른다.

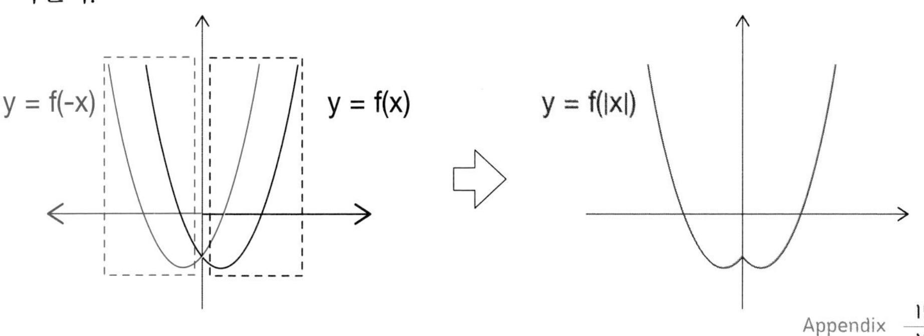

Case 2 : x 〈 0 → |x| = -x : y = f(|x|) → y = f(-x) : y축 대칭함수의 그래프를 따른다.

각각의 내용을 좌표에 나타낸 후, 범위에 따른 점들을 취하면, 앞쪽 아래그림과 같이 y = f(|x|)의 그래프가 완성된다. 이것을 직관적으로 이해하자면, |x|로 인해 음수인 x값들도 대응하는 양수인 x값과 똑같은 y값을 취하게 된다. 따라서 자연스럽게 x ≥ 0 인 부분의 점들을 기준으로 하여, y축 대칭인 점들을 추가하여 그리면, 전체 그래프가 만들어지게 된다.

② y → |y|로 바꾸면, |y| = f(x) : y ≥ 0 부분을 기준으로 x축 대칭

공역의 원소 값에 절대값이 씌워진 |y| = f(x)의 그래프를 그리려면, 우선 모르는 부분인 |y| 부터 해결해야 한다. 그런데 |y|는 y의 범위를 나누면 그 값을 결정할 수 있다. 즉

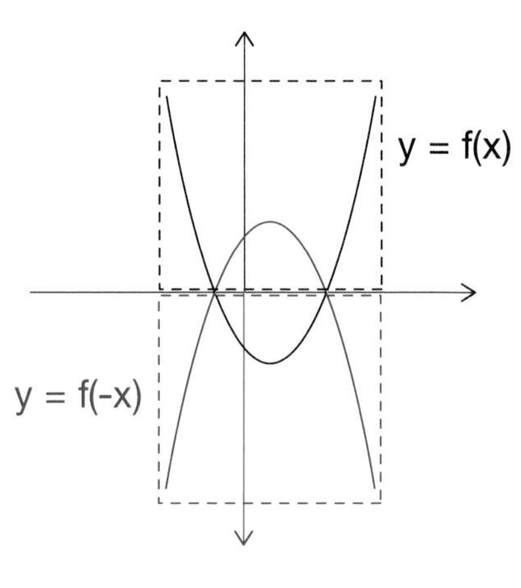

Case 1 : y ≥ 0 → |y| = y : |y| = f(x) → y = f(x) : 원 함수의 그래프를 그대로 따른다.

Case 2 : y 〈 0 → |y| = -y : |y| = f(x) → -y = f(x) : x축 대칭함수의 그래프를 따른다.

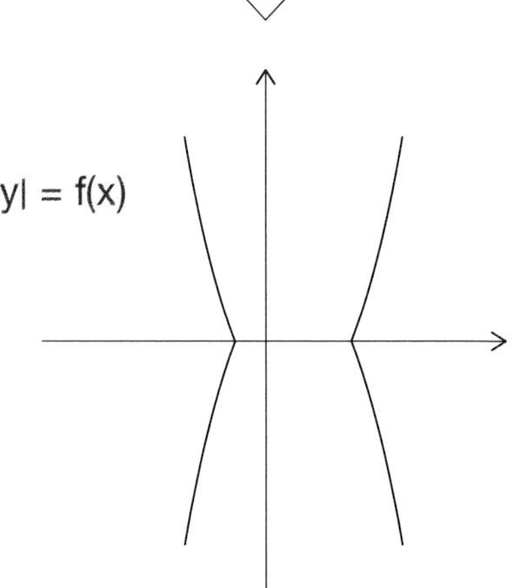

각각의 내용을 좌표에 나타낸 후, 범위에

따른 점들을 취하면, 앞쪽 그림과 같이 |y| = f(x)의 그래프가 완성된다. 이것을 직관적으로 이해하자면, |y|로 인해 음수인 y값들도 대응하는 양수인 y값과 똑같은 x값을 취하게 된다. 따라서 자연스럽게 y ≥ 0 인 부분의 점들을 기준으로 하여, x축 대칭인 점들을 추가하여 그리면, 전체 그래프가 만들어지게 된다.

　※ 함수의 관점에서의 이해 : |y| = f(x) 라면 y = ±f(x) (단, f(x) ≥ 0)가 되므로, 각각의 정의역의 원소 x에 대하여 결정되어진 f(x)값에 양수와 음수를 취한 두 가지 값을 해당하는 공역의 원소 y에 할당한다는 것을 의미한다. 이런 경우, 함수의 정의에 따라 f : X → Y로의 함수는 성립하지 않지만, 대신 정의역과 공역을 바꾼 f : Y → X로의 함수는 성립하게 된다.

③ x → |x| & y → |y|로 바꾸면, |y| = f(|x|) : x ≥ 0, y ≥ 0 부분을 기준으로 x축, y축 대칭

정의역 과 공역 모두의 원소 값에 절대값이 씌워진 |y| = f(|x|)의 그래프를 그리는 것은 지금까지 배운 것을 활용하면 된다. y = f(|x|)를 원 함수로 하고 y → |y|로 바꾸거나 |y| = f(x)를 원 함수로 하고 x → |x| 로 바꾸면 된다. 두 가지 모두 적용방식은 앞서 알아본 바와 동일하다.

오른쪽 그림에 첫 번째 경우를 묘사하였다. 이것을 쉽게 그리는 방법은, y = f(x) 에

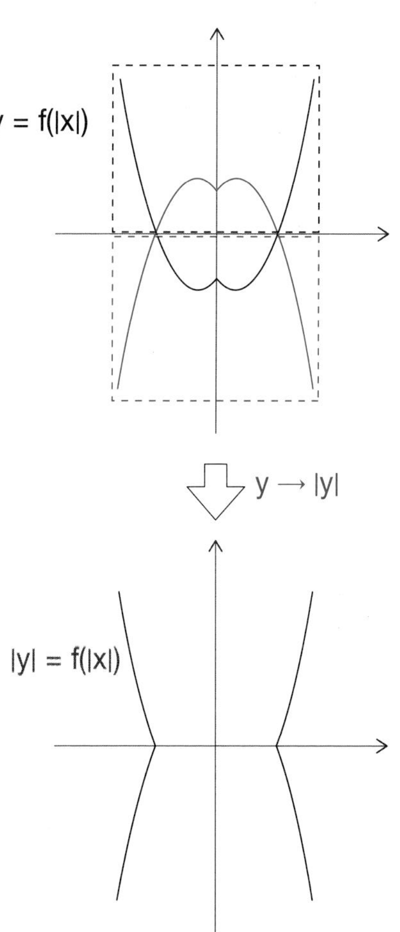

서 x ≥ 0, y ≥ 0 인 부분의 점들을 기준으로 하여, 먼저 x축 또는 y축 대칭인 점들을 추가 한 후, 다시 모든 점들에 대해 나머지 축에 대칭인 점들을 추가하여 그리면, 전체 그래프가 만들어지게 된다.

④ f(x) → |f(x)| 로 바꾸면, y = |f(x)| : y ⟨ 0 부분을 x축 대칭

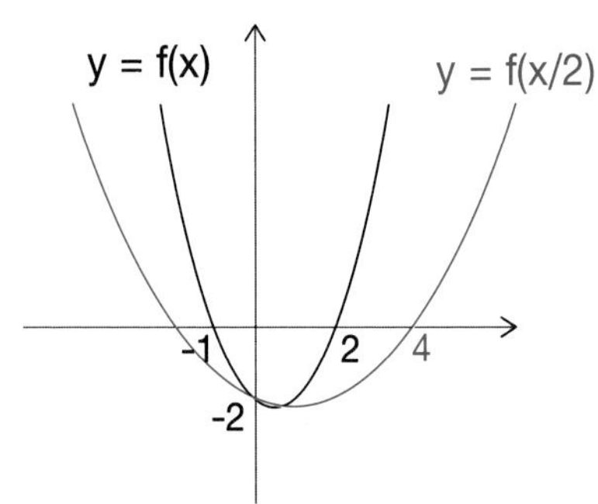

이것은 함수의 할당 순서에서, 함수값 f(x)를 공역의 원소 y에 바로 할당하는 것이 아니라, 절대값을 씌운 후 그 값을 공역 y에 할당하는 것을 뜻한다.

원 함수 y = f(x)를 만족하는 모든 점들, {(x, y) | y = f(x), x ∈ X, y ∈ Y} 에 대해 y 값에 절대값을 씌운 것과 같게 된다.

→ {(x', y') | y' = |f(x')|, x' ∈ X, y' ∈ Y}

이 점들은 좌표상에 표시하면, 위의 그림과 같이 원래의 함수식 y = f(x)에서 f(x) → |f(x)|로 바꾼 y = |f(x)|의 그래프는 함수값이 음수인 점들을 x축 대칭해준 형태가 되는 것이다.

라. 주기의 변화를 줄 경우, 그래프 그리기

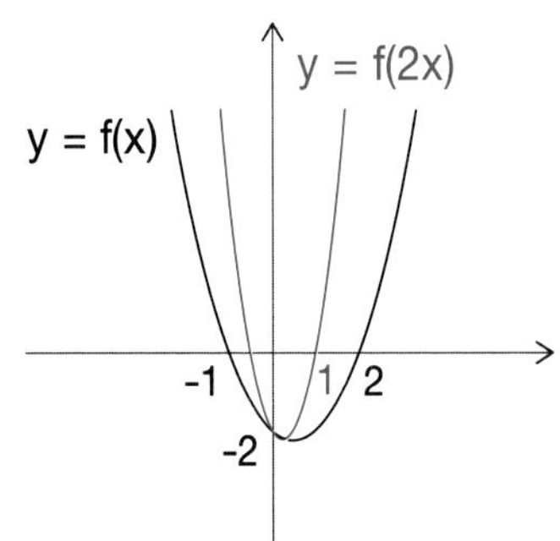

① x → ax (예: y = f(2x), y = f(x/2))로 바꾸면, 그래프의 전체적인 모양은 y = f(x) 와 같지만, a 〉 1 경우, 그래프는 가파르게 변하고, a 〈 1 경우, 그래프는 완만하게 변한다.

y = f(x) 는 y값이 f(0)에서 f(2)로 변할 때, x값이 0에서 2로 변한다. 그에 비해, y = f(2x)는 y값이 f(0)에서 f(2)로 변하기 위해서는, x값이 0에서 1로 변해야 한다. 즉 같은 구간의 y값의 변화에 대해, x값의 변화주기가 1/2배로 줄어 들게 됨을 의미한다. 반대로 y = f(x/2)는 y값이 f(0)에서 f(2)로 변하기 위해서는, x값이 0에서 4로 변해야 한다. 즉 같은 구간의 y값의 변화에 대해, x값의 변화주기가 2배로 늘게 됨을 의미한다.

앞쪽 아래그림에 이차함수의 그래프를 가지고, 위의 설명을 형상화하였다.

② y → by (예: 2y = f(x) ⇔ y = f(x)/2, y/2 = f(x) ⇔ y = 2f(x))로 바꾸면, 그래프의 전체적인 모양은 y = f(x) 와 같지만, b 〉 1 경우, 그래프는 완만하게 변하고, b 〈 1 경우, 그래프는 가파르게 변한다. y = f(x) 는 x값이 0에서 2로 변할 때, y값이 f(0)에서 f(2)로 변한다. 그에 비해, 2y = f(x) 는 x값이 0에서 2로 변할 때, y값이 f(0)/2에서 f(2)/2로 변한다. 즉 같은 구간의 x값의 변화에 대해, y값의 크기가 1/2배로 줄어 들게 됨을 의미한다. 반대로 y/2 = f(x)는 x값이 0에서 2로 변할 때, y값이 2f(0)에서 2f(2)로 변한다. 즉 같은 구간의 x값의 변화

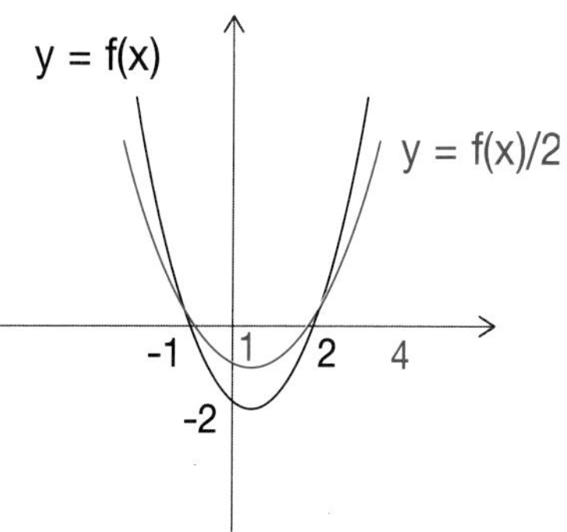

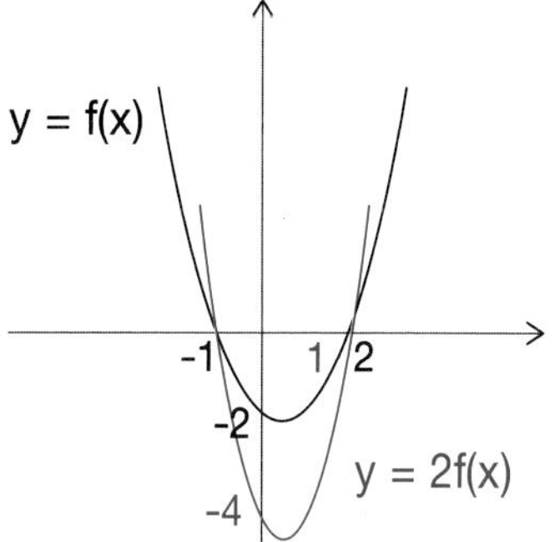

에 대해, y값의 크기가 2 배로 늘게 됨을 의미한다.

앞쪽에 이차함수의 그래프를 가지고, 위의 설명을 형상화하였다. 참고로 이 개념을 원의 방정식에 적용하여, $x^2 + y^2 = r^2$ 인 원의 방정식에 주기 변화를 주면, 타원의 방정식이 됨을 아직 배우지 않았더라도 자연스럽게 알 수 있게 된다.

마. 변수의 역수를 취할 경우, 그래프 그리기

① $x \rightarrow 1/x$ 로 바꾸면, $x > 0$인 부분의 점들은, $x = 1$ 직선을 기준으로 양쪽 부분을 각각 x축 방향으로 축소·확대대칭 이동하고, $x < 0$인 부분의 점들은, $x = -1$ 직선을 기준으로 양쪽 부분을 각각 x축 방향으로 축소·확대대칭 이동한다. $1/x$ 는 분수이므로

- 분모가 0이 되는 $x = 0$에서의 정의역 원소가 존재하지 않는다.

즉 그래프가 둘로 나뉜다는 것을 의미한다.

- 다음과 같이 정의역의 원소에 변화가 생긴다.

$x = a \; (a \neq 0)$ 의 정의역 원소는 $1/a$로 바뀐다.

$x \rightarrow + \infty$ 의 정의역 원소는 $+ 0$로,

$x \rightarrow - \infty$ 의 정의역 원소는 $- 0$로,

$x \rightarrow + 0$ 의 정의역 원소는 $+ \infty$로,

$x \rightarrow - 0$ 의 정의역 원소는 $- \infty$로 바뀐다.

그리고 $x = 1$ 의 정의역 원소는 $x = 1/1 = 1$로 제자리이다.

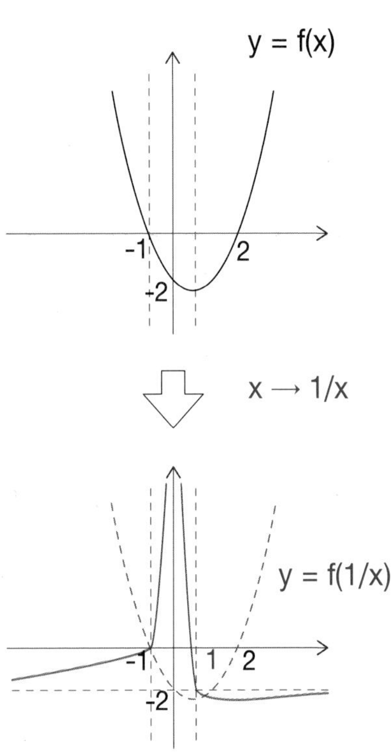

이러한 변화를 형상화하면, $x > 1$ 인 $(x, f(x))$점들이 상응하는 $0 < x' < 1$ 인 $\{(x', f(x')) \mid x' = 1/x\}$ 점들로 좁혀서 이동한다는 것을 의미한다. 또한 $0 < x < 1$ 인 $(x, f(x))$ 점들이 상응하는 $x' > 1$ 인 $\{(x', f(x')) \mid x' = 1/x\}$ 점들로 넓혀서 이동한

다는 것을 의미한다.

이는 x = 1 직선을 기준으로 각 부분을 x축 방향으로 축소·확대대칭 이동한 형태이다. 마찬가지로 x 〈 -1 인 (x, f(x)) 점들이 상응하는 -1 〈 x' 〈 0 인 {(x', f(x') | x' = 1/x} 점들로 좁혀서 이동한다는 것을 의미한다. 또한

-1 〈 x 〈 0 인 (x, f(x)) 점들이 상응하는 x' 〈 -1 인 {(x', f(x') | x' = 1/x} 점들로 넓혀서 이동한다는 것을 의미한다. 이는 x = -1 직선을 기준으로 각 부분을 x축 방향으로 축소·확대대칭 이동한 형태이다.

② y → 1/y 로 바꾸면, y = 0, 즉 x축과의 교점을 기준으로 그래프는 나뉘어 지고, 나뉘어진 각 부분의 점들은, y값을 기준으로 무한대는 무한소로, 무한소는 무한대가 되는 방향으로 위상을 바꾸어 이동하게 된다.

1/y 는 분수이므로 - 분모가 0이 되는 y = 0 에서의 값이 존재하지 않는다.

즉 y = 0가 되는 정의역 값들이 존재하지 않으므로, 그러한 점들을 기준으로 그래프는 나뉘어 지게 된다. 따라서 그러한 점들을 기준으로 각 극점에서의 f(x) 값의 변화를 알아보는 것이 필요하다.

- 정의역에 변화는 없지만, 1/y로 인해 다음과 같이 대응하는 함수값에 변화가 생긴다.

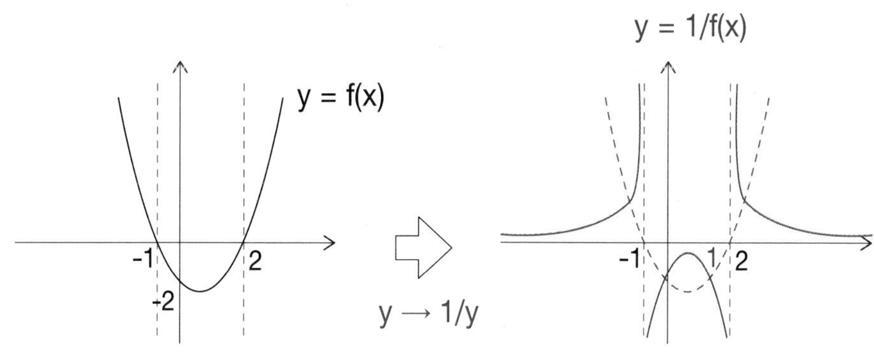

$y \to +\infty$ 때의 함수값은 $+0$로,

$y \to -\infty$ 때의 함수값은 -0로,

$y \to +0$ 때의 함수값은 $+\infty$로,

$y \to -0$ 때의 함수값은 $-\infty$로 바뀐다.

앞쪽에 이차함수의 그래프를 가지고, 위의 설명을 형상화하였다.

이 내용을 이해했다면, 이제 분모가 다항함수인 분수함수도 쉽게 그릴 수 있을 것이다.

이상의 내용을 정확히 이해한다면, 대부분 함수의 그래프를 쉽게 그릴 수 있게 될 것이다. 이것은 문제해결과정의 첫 번째 스텝인 내용형상화에서 수식화된 내용을 그래프를 통해 종합적으로 가시화 할 수 있다는 것을 뜻하므로, 문제해결을 훨씬 쉽게 할 수 있게 됨을 의미한다.

또한 이러한 내용에 대한 이해를 기반으로, 향후 앞서 잠시 소개했던 1차 도함수(함수값의 변화율:기울기), 2차 도함수(기울기의 변화: 변곡점)의 미분 개념을 활용한다면 좀 더 일반적인 방법으로 다양한 함수의 그래프 그리기를 해 나갈 수 있게 될 것이다.

만약 여러분이 이렇게 논리적으로 이해하지 않고, 모든 변화의 경우에 대해 외우려 한다면, 여러분의 머릿속은 복잡해 질 수 밖에 없고, 그런 관점에서의 수학은 점점 어려워 질 것이다.

02 ^{주제}

올바르게 공부하는 방법을 익히면
모든 과목 공부를 잘하게 된다.

아래 내용은 이 책 전반에서 서술된 내용을 이번 주제에 맞추어 정리하여 기술한 것이다.

"공부를 잘한다. 능력이 뛰어나다. 문제 해결을 잘한다. 논리적인 사고력이 좋다." 의미는 무엇일까?

구체적으로 어떤 능력을 가지고 있어야만 하는 걸까?

거기에는 다음의 두 가지 요소를 생각해 볼 수 있다.

첫 번째는 어떤 주제가 주어졌을 때, 그 내용에 대한 이해력이 뛰어나야만 한다.

두 번째는 그 내용(이론)의 실전 적용을 위한 응용력이 뛰어나야만 한다.

우선 첫 번째 요소에 대해 생각해 보자. 가장 이해도가 뛰어나다는 것은 어떤 상태일까? 비유적으로 어떤 동네에 가서 길을 찾는 것을 예를 들어 볼 것이다.

여기에서 동네는 정해진 주제로 생각하고, 각각의 길은 주제에 관련된 각각의 이론으로 생각해보자. 어떤 위치를 찾아가는 것을 문제를 푸는 것으로 보고, 길을 찾는 시점에 벌어지는 그 동네의 공사 및 교통현황 등의 주변상황을 그 문제에 주어진 조건들이라 할 수 있을 것이다.

정리하면,
- 동네 : 정해진 주제
- 길 : 주제에 관련된 각 이론
- 특정 시점에 벌어지는 동네의 주변 상황 : 문제에 주어진 조건
- 어떤 위치를 찾아가는 것 : 문제를 푸는 것

이렇게 비유할 때, 해당 주제의 내용에 대한 이해도가 가장 뛰어나다고 하는 것은 그 동네의 지도를 완벽하게 갖추는 것을 의미한다. 그렇지만, 실전에서 목표지점을 가장 빨리 찾아가기 위해서는 지도만 가지고는 충분치가 못하다. 그 동네의 주변상황을 정확이 인지하여, 그 상황에 맞는 최적의 길을 선택해야만, 가장 빨리 찾아 갈 수 있는 것이다. 그리고 최적의 길이란 주어진 상황에 따라 계속 달라질 것이다. 즉 특정한 목표지점에 고정된 정답은 없는 것이다. 이렇게 주어진 상황을 정확히 분석·인지하여, 해당 상황에 맞는 최적의 길을 찾아내는 능력이 두 번째에 언급한 실전 적용을 위한 응용력이라 할 수 있을 것이다. 여기서 첫 번째에 요구되어지는 능력을 (지식)지도제작능력, 드리고 두 번째에 요구되어지는 능력을 문제해결능력이라 구분하여 부른다. 이 두가지 능력은 주어진 상황에 대해서 정확한 판단과 올바른 선택을 하기 위해서 반드시 필요한 능력이라 할 수 있다. 여기에 한가지 더 고려할 내용은 이 선택을 효과적으로 실천할 수 있는 체력을 갖추고 있어야 한다는 것이다. 즉 선택한 길이 오르막이던 내리막이던 쉽게 갈 수 있는 근력을 갖추고 있어야 하는 것처럼, 결실이 맺어질 때까지 무언가를 지속적으로 실행할 수 있는 실천능력이 필요한 것이다.

정리하면, 아이들의 수학능력을 키운다는 것은 지식지도제작능력과 문제해결능력 그리고 공부습관이라 할 수 있는 실천능력을 키우는 것이라 할 수 있을 것이다. 그리고 수학공부는 이러한 능력을 체계적으로 훈련할 수 있는 가장 좋은 방법이라 할 수 있다.

이 책의 본문에서 언급되었듯이 실천능력은 시간을 각 초등·중등·고등 시기에 맞게 시간을 조금씩 늘려가며 자율집중공부습관을 들이는 것이다. 이 것은 처음의 변화시에는 최초의 결실을 맺을 때가지 많은 인내심이 필요한 일이지만, 한번 노력에 대한 결실의 성취감을 맛보면 점차 쉬워질 것이다.

이제 다음은 앞의 두 가지 능력을 어떻게 하면 가장 효과적으로 발전시킬 수 있을 것인가에 대해 알아보자.

실력을 쌓는 가장 좋은 방법은 자신의 부족한 부분을 직시하고, 그것을 하나씩 고쳐가는 것이다.

따라서 수업을 통해 반드시 이루어져야 할 것은이론 학습과정의 경우, 표면적으로는 새로운 이론을 배우는 것, 관련지식지도를 만들어 가는 것이지만, 내면적으로는 이해가 부족한 부분을 찾아내고, 그것을 고쳐나가도록 훈련하는 것이다.

그리고 분제풀이 과정의 경우, 반복되는 실수에 비유해 생각해보자. 실수가 왜 계속해서 반복되는 것일까? 그것은 잘못된 부분에 대한 개선이 단순히 알기만 해서는 이루어지지 않기 때문이다. 즉 실수의 내용을 알더라도, 현재의 행동방식이 과거와 똑 같다면 고질화 된 실수는 자연히 반복되기 쉬울 것이다. 고치기 위한 실질적인 행동의 변화가 있을 때에만 필요한 개선이 이루어진다. 이것은 비록 단순한 내용이지만, 잘 실행이 되지 않는 것이기도 하다. 즉 실질적인 행동의 변화를 주기 위한 구체적인 단계에서의 개선점을 찾아내고, 그것을 고치기 위한 행동변화를 실질적으로 주어야만, 비로서 실수는 고쳐지는 것이다.

　이제 지금까지 언급된 내용을 정리하면, 아이들의 능력발달을 위해서 우리가 대상으로 삼아야 하는 것은 구체적으로 지식지도제작능력과 문제해결능력이라 할 수 있고, 그것을 향상시키는 방법으로는 이론 학습 및 문제풀이 과정에서, 자신의 부족한 면을 찾아내고 그것을 고쳐나가는 훈련을 함으로써, 전체적인 지식지도 제작능력과 문제해결능력을 단계적으로 키워나가야 한다는 것이다.

　지속적인 수학공부를 통해 지식지도제작능력이 90% (문제해결능력 Level 2 이상)에 이른 미래에 자신에 대한 향상된 모습을 형상화 해보면, 단순히 수업시간에 집중하여 듣고 이해하는 것 만으로도 관련지식지도가 90%에 이를 수 있다는 것을 의미한다.

　이는 암기 과목(문제해결능력의 비중이 상대적으로 적은 과목)의 경우, 별도의 추가 공부 없이 나중에 시험을 보더라도 80-90점을 맞을 수 있다는 것을 뜻한다. 이것은 한편의 영화를 보고 난 후 얼마간의 시간이 지났을 때, 재미있는 영화는 기억이 잘 나지만, 상대적으로 재미가 덜한 다큐멘터리 영화는 자세한 내용을 잘 기억하지 못하는 것과 같은 이치이다. 즉 재미있는 영화는 각 사건과 사건의 관계를 잘 이해하고 그 연결을 통해 자연스럽게 전체 스토리를 기억해 낼 수 있지만, (비록 사람마다 다르지만) 상대적으로 그러한 연결고리가 적은 다큐멘터리 영화는 단순히 외운 기억만으로 전체를 기억해내기 어려운 것과 같은 것이다.

　즉 올바른 수학공부를 통해 문제해결능력이 커졌다는 것은 임의의 과목에 대한 이론학습과정에서 단편적인 지식들을 그냥 하나씩 외우는 것이 아닌, 그것들의 상호관계를 이해하고 그것을 바탕으로 관련된 지식들을 연결해 내가는 능력이 커졌다는 것을 의미하게 되므로, 자연스럽게 다른 과목의 공부도 잘 할 수 있게 되는 것이다.

주제 **03**

왜 (수학)공부를 열심히
해야 하는 걸까?

다음은 아이들이 왜 공부를 열심히 해야 하는지에 대한 동기부여를 위해서 공부하기 싫어하는 학생들이 이야기하는 대표적인 두 가지 질문에 대한 나름의 답변 정리와 함께 문제해결능력 단계에 따라 예상되는 삶의 형태를 형상화 해 본 것이다.

질문1: 공부를 잘 못해도 사는 방법에는 여러 가지가 있을 수 있을 것 같다. 그런데 왜 골치 아프게 공부해야 하는지 모르겠다.

- 물론 살아 갈 수는 있지만, 내가 가진 능력에 따라 선택할 수 있는 인생의 폭이 많이 줄어 든다. 그것은 집안이 부자여도 마찬가지이다. 그리고 자존심 상할 일도 많이 발생하고, 쪽 팔려도 그것을 받아들일 수 밖에 없게 된다. 어쩔 수 없이 선택한 삶과 내가 자유로이 선택한 삶에는 스스로의 자존감에 큰 차이가 있게 된다. 사는 맛이 다르게 된다.

- 설사 그 중 선택한 하나의 삶을 가정해 보더라도, 그 안에는 잘하는 사람이 있고

못하는 사람이 있게 마련이다. 공부는 어떤 삶을 선택하더라도, 그것을 잘할 수 있는 힘, 즉 똑바로 생각하고 실천 하는 능력을 기르는 것이다. 즉 공부를 올바르게 한다면, 무슨 일을 하던 떳떳하게 잘할 수 있는힘을 갖게 될 것이다.

　- 현재 나는 앞으로 무한한 발전 가능성을 가진 배우는 학생이다. 단지 지금 노력하기 싫어서 미리 포기하고, 나의 삶의 폭을 제한해야 하는 것일까? 그것이 진짜 쪽팔리는 일이지 않을까?

　질문2: 나를 돌아본다면, 공부를 열심히 해서 시험을 잘 보았다고, 내 능력에 어떤 변화가 생겼었는지 잘 모르겠다. 물론 경쟁에서 이기고 주위에서 칭찬해 주니까 우쫄한 마음은 잠시 생겼었지만, 그것이 꼭 좋은 지 모르겠다.

　- 공부는 시험을 잘 보기 위한 것이 아니다. 공부하고 있는 지금은 잘 못 느끼겠지만, 공부하는 과정을 통해 학생들은 똑바로 생각하고 그것을 실천하는 능력을 배워가고 있는 중이다. 물론 올바른 방향으로 공부해 나간다면, 스스로가 변화하는 과정을 좀더 잘 느끼게 될 것이다.

　- 시험은 나의 능력이 얼마나 늘고 있는지 평가하기 위한 하나의 방법일 뿐이다. 보다 정확한 평가 기준은 내가 마음속으로 진정 어떻게 느끼고 있는 가일 것이다.

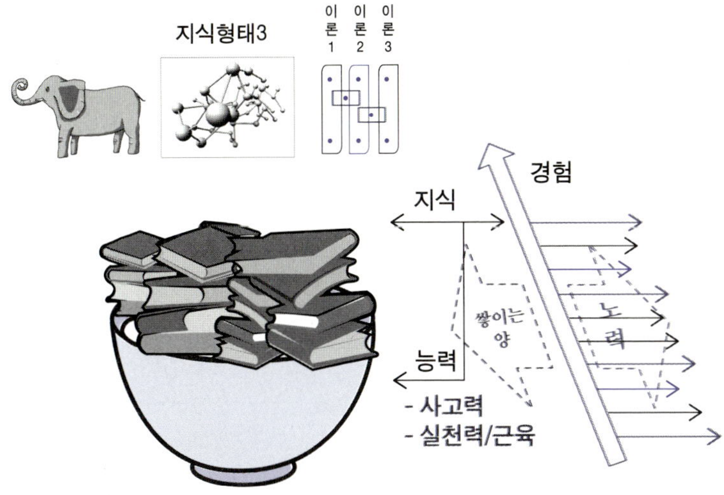

- 임의의 상황에서 올바른 판단을 할 수 있다. 그래서 리더의 역할을 한다. 일의 가치가 높아, 높은 페이를 받고 저축을 하고도 여유로운 생활을 할 수 있다.

- 높은 사고 능력뿐만 아니라, 대개 성취감과 더불어 꾸준히 노력하는 습관도 갖추고 있어, 본인이 원하는 새로운 변화를 하기에 보다 자유롭다.

Level 2

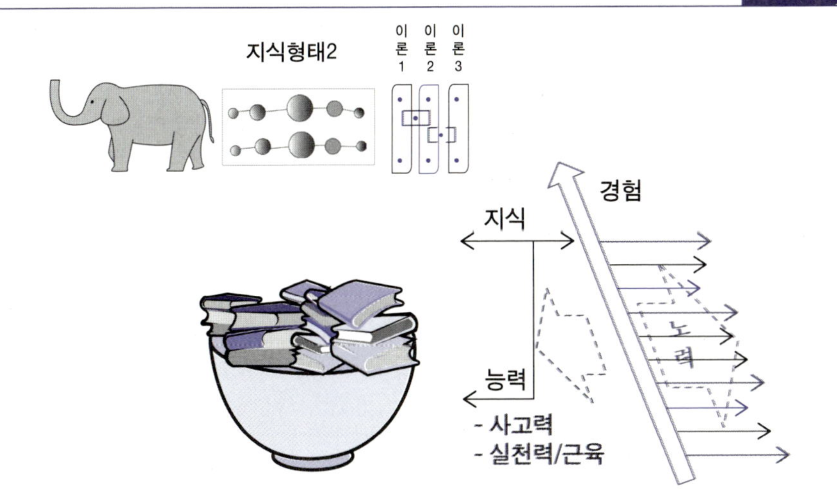

- 제한된 상황에서는 올바른 판단을 할 수 있지만, 오픈된 상황에서는 그렇지 못하다. 그래서 중간 관리자의 역할을 한다.

- 일의 가치는 보통이고, 대개 약간의 저축과 함께 그럭저럭 먹고 산다.

- 괜찮은 사고능력을 갖추고 있고, 노력의 의미와 습관의 중요성을 안다. 그때까지 노력해서 쌓아온 기득권을 최대한 지키려고 하며, 새로운 변화를 두려워 하는 편이다.

Level 1

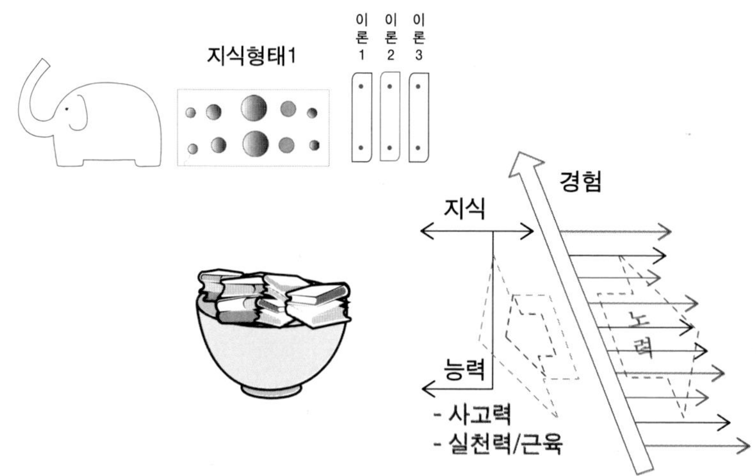

- 스스로 정확한 판단을 하기 어렵다. 그래서 다른 사람이 시킨 일을 한다.

- 일의 가치가 떨어져, 하루 일해서 하루 먹고 살기 바쁘다.

- 현재의 낮은 사고능력뿐만 아니라, 꾸준히 노력하는 습관이 들어있지 않아, 뭔가를 조금 해보다가도 쉽게 포기한다. 그래서 좀처럼 상황이 나아지기 어렵다.

- 스스로의 노력보다는 운을 바란다.

Level 0

04

나도 서울대에 갈 수 있을까?
올바른 방향으로 열심히 훈련을 한다면,
국가대표가 될 수 있다.

결론부터 말하면, 문제해결능력을 3단계까지 갖추고 기본적인 공부 량을 수행하면 분명 서울대에 갈 수 있다. 대부분의 서울대생의 문제해결능력은 2단계 이상이라 할 수 있다. 그 정도의 공부 효율을 갖추기 않고서는 정해진 시간 내에 수능에서 모든 과목을 1등급을 맞기 위해 필요한 공부 량을 도저히 수용할 수 없기 때문이다. 즉 "나도 서울대에 갈 수 있을까?"의 질문은 "현재의 내가 노력을 통해 문제해결능력을 3단계까지 끌어 올릴 수 있을까?"의 질문으로 바꾸어 질 수 있다. 대답은 "가능하다"이다. 문제는 어떻게 자신에게 맞는 방향을 찾아 얼마나 꾸준히 일관성 있게 노력할 수 있느냐이다.

그럼 각 단계를 끌어올리는 데 어느 정도의 시간과 노력이 필요한 것일까? 비록 절대적인 기준은 될 수 없더라도, 실천을 위한 구체적인 상상을 할 수 있도록 이상적인 케이스에 대한 하나의 기준을 제시해 보고자 한다.

1단계 : Level 0.5 → Level 1

- 공부의 방향 : 공부의 목표 및 방법에 대한 인식의 전환 (자기주도학습 1단계)

    i) 이론의 암기 및 문제풀이패턴학습에서 이론의 연결이해 및 논리적인 문제해결과정학습으로 전환

    i) 자기주도학습을 위한 기반능력 습득

- 노력의 방향 : 표준문제해결과정의 One-cycle 적용 및 체득화

    a. 이론 : 용어의 정의 및 주어진 조건들에 기반한 이론의 단방향 연결이해 시도

    b. 문제 : 단위 문장별 형상화를 통한 전체 내용의 이해 및 주어진 조건의 규명 그리고 주어진 모든 조건들을 이용하여 최적의 적용이론 찾기

- 체득화 : 집중적인 노력을 통해 1단계 사고의 근육 만들기

    i) 하루 1시간 이상 자율집중공부 : 약 1년 소요

    ii) 하루 1시간 30분 이상 자율집중공부 : 약 6개월 소요

    iii) 하루 2시간 이상 자율집중공부 : 약 3개월 소요

2단계 : Level 1 → Level 2

- 공부의 방향 : 자기주도학습 2단계

    i) 이론의 연결이해 2단계 및 논리적인 문제해결과정학습 2단계

- 노력의 방향 : 표준문제해결과정의 Two-cycle 적용 및 체득화

    a. 이론 : 배경이론들과의 양방향 연결 및 이론 내용을 이미지화

    b. 문제 : 단계적 형상화를 통해 전체 그림의 형성 및 문맥상에 숨어있는 조건 찾아내기 그리고 변동목표에 대한 형상화

- 체득화 : 집중적인 노력을 통해 2단계 사고의 근육 만들기

    i) 하루 1시간 이상 자율집중공부 : 약 2년 소요

    ii) 하루 1시간 30분 이상 자율집중공부 : 약 12개월 소요

    iii) 하루 2시간 이상 자율집중공부 : 약 6개월 소요

3단계 : Level 2 → Level 3

 - 공부의 방향 : 자기주도학습 3단계

   i) 이론의 연결이해 3단계 및 논리적인 문제해결과정학습 3단계

 - 노력의 방향 : 표준문제해결과정의 추상화 및 타 과목공부 적용

   a. 이론 : 관련 이론간 전체 연결 지도의 형성 및 확장

   b. 문제 : 표준문제해결과정의 자유로운 적용 및 Trouble Shooting

      – 임의의 문제에 대해 막힌 부분에 대한 논리적인 실마리 찾기

 - 체득화 : 집중적인 노력을 통해 3단계 사고의 근육 만들기

   i) 하루 1시간 이상 자율집중공부 : 약 10년 소요

   ii) 하루 1시간 30분 이상 자율집중공부 : 약 5년 소요

   iii) 하루 2시간 이상 자율집중공부 : 약 1년 소요

다음은 초·중·고 시절을 어떻게 방향을 잡으면 효과적일까에 대한 하나의 적용 모델이다.

나도 서울대에 갈 수 있다.

초등학교	중학교	고등학교
어떻게 하면,		

이론이해능력 1단계
- 기초이론의 개념·원리
  이해 및 숙지
	이론이해능력 2단계
	- 이론의 파생과정의 이해
	- 기본이론의 개념·원리
	  이해 및 숙지
		이론이해능력 3단계
		- 지식지도의 형성능력
		- 심화이론의 개념·원리
		  이해

문제해결능력 1단계 :
Level 1
- 내용 형상화 중심
  (서술형·도형)
- 기초 연산능력의 체득
	문제해결능력 2단계 :
	Level 2
	- 내용 형상화 및 이론적
	  용의 연계 중심
	- 표준문제해결과정의
	  체득
		문제해결능력 3단계 :
		Level 3
		- 복합 이론의 적용 중심
		- 심화 단계의 적용 및 실
		  생활 활용

초등학교	중학교	고등학교
실행능력 1단계 - 자율공부 습관의 형성 　→ 일일 자율집중공부 　　시간 : 40분-1시간 - 집중력·성취감 경험 　→ 독서·만들기· 　　등산……	실행능력 2단계 - 자기주도학습의 경험 　→ 일일 자율집중공부 　　시간 : 1-2시간 - 집중력·성취감 경험 　→ 독서·만들기· 　　등산……	실행능력 3단계 - 자기주도학습 방법의 　체득 　→ 일일 자율집중공부 　　시간 : 2-3시간 "이론이해능력·문제해결능 력은 머리, 실행능력은 몸 (사고의 근육)"

초등학교	중학교	고등학교
① 자율공부습관이 들어 있지 않다. 　- 학교학원공부가 거의 　　전부다. ② 암기식 공부방법에 익 숙하다. 　- 내용의 형상화 훈련이 　　안되어 서술형문제들을 　　어려워 한다,	① 문제풀이패턴 학습에 익숙하다. 　- 쉽게 얻은 것에 익숙해, 　　시간이 걸리는 논리적 　　사고력 훈련을 회피한다. ② 자율집중공부 습관이 들어 있지 않다. 　- 사고의 근육이 쌓이지 　　않아, 공부한만큼 실력 　　이 잘 늘지 않는다.	① 자기주도학습을 하지 못 한다. 　- 기반학습능력을 갖고 있 　　지 않다. 　- 어떻게 해야 하는지 모른다. ② 우선 빠른·쉬운 방법을 찾는다. 　- 결국은 훨씬 많은 시간을 　　요한다. "공부는 꾸준한 훈련을 통 해 능력을 체득 하는 것"

주제 05

언제 아이들은 스스로 공부의 의지를 낼까? 동기, 의지 그리고 성취경험

각 단계를 끌어 올리기에 필요한 공부의 방향과 자신에게 맞는 노력의 방향은 선생님의 도움으로 많은 부분 해결할 수 있을 것이다. 그러나 체득화를 위한 자율집중 노력은 스스로 의지를 가지고 실천하지 않는다면 해결할 수 없는 부분이다. 많은 경우 이 부분을 아이들의 몫으로 떼어버리고, 그냥 '열심히 해야 돼.'라고 격려하는 차원에서 끝내는 것일 일반적이지만, 우리는 여기서 어떻게 하면 아이 스스로 의지를 낼 수 있도록 도움을 줄까 궁리해 보자.

누구나 열심히 노력하고 싶을 것이다. 그러나 꾸준히 노력한다는 것은 상당히 번거롭고 힘든 일이다. 그렇기 때문에 그것을 이겨내고 참아 낼 수 있을 정도의 동기가 필요할 것이다.

시작 동기 :

- 현재의 불만족한 환경에서의 탈출욕구

- 누군가를 이겨야겠다는 승부욕

- 노력에 대한 보상으로서의 상품욕구

- 자기 발전욕구, 성취욕

처음에는 누구나 열심히 노력한다. 그러나 일정한 결실을 이룰 때까지 그러한 노력을 지속해 나가는 것은 쉽지 않다. 첫 번째는 처음에 꽤 열심히 노력한 것 같은데도 결실이 보이질 않아 스스로에게 실망하기 때문이고, 두 번째는 힘든 것을 느낀 시점에서 어느 정도까지 더 노력해야 하는지 가늠이 되지 않기 때문이다. 많은 경우 이 시점에서 힘든 상황을 벗어나고자 자기 합리화의 이유를 찾고 포기의 방향으로 돌아서게 된다.

변화의 노력에 대한 결실은 기대한 것만큼 금방 따라오지 않는다. 대개 일정기간 이상 노력의 내용이 쌓이고, 최소 한번 이상의 아픔·고통을 이겨내야만 비로서 그에 상응하는 결실을 내놓게 된다. 그러나 첫 번째 과정의 극복을 통한 성취 경험을 할 경우, 두 번째부터는 훨씬 쉽게 진행할 수 있게 된다. 그렇게 때문에 첫 번째 시도를 어떻게 성취해 나갈 것인가가 무엇보다 중요하게 되는 것이다.

이러한 일정기간의 노력을 통해 그에 상응하는 결실을 얻는 성취경험을 가지는 것은 공부가 아닌 다른 종류의 간접경험을 통해서도 상당한 도움을 받을 수 있다. 그것은 일정기간의 노력과 그를 통해 결실이 얻어지는 과정이 유사하기 때문이다. 저자 개인적으로는 처음 지리산 종주등반을 했었을 때 얻은 경험은 지금까지도 인생의 큰 지침이 되고 있다.

- 첫 날 첫 번째 봉우리를 향해 올라 갈 때, 너무 힘이 들어 몇 번이고 주저 않고 싶었던 기억 그리고 힘을 내서 한 발짝은 갈 수 있으니까 한 발짝씩만 더 딛자고

스스로를 다독였던 생각……

- 눈 앞 위쪽으로 트인 능선이 첫 번째 봉우리까지 이제 다 왔다고 기대하게 했지만, 오르고 나면 또 다른 능선이 기다리고 있어 엄청 속으로 실망했던 기억, 결국은 필요한 시간만큼 계속 올라가야 했던 기억……

- 첫 날 저녁, 그 날을 회상하면서, 무지 힘들었지만 그 만큼 무지 뿌듯했던 기억……

- 둘째 날부터는 첫날 걱정했던 것 보다는 훨씬 힘도 덜 들고, 그 과정을 즐겼었던 기억……

그 이후로 저자는 해마다 지리산 종주등반에 휴가를 다 쓸 정도로 지리산등반을 즐기게 되었다. 지금은 비록 나이가 먹었어도 그때만큼 힘이 들지는 않는다. 그것은 몸에 등산에 필요한 근육도 자리잡았기 때문이기도 하겠지만, 일정시간이상 힘든 노력할 각오를 미리 하기 때문에 섣부른 기대감으로 인해 스스로를 힘들게 하는 점이 없어진 것이 더 크지 않을까 생각한다. 이러한 경험은 인생을 살아 가는데 있어 저자가 새로운 도전을 할 때 많은 도움을 주어 왔고 앞으로도 줄 것이라고 믿고 있다.

성취과정의 경험 :
- 몇 일간의 종주등반여행
- 분명한 목표를 가지고 자신이 좋아하는 일 성취하기

06 주제

아이들의 공부 태도에 따른 변화 관리

	태도/현상	이유	변화 관리 / 동기 부여
A1	스스로 공부한 후, 모르는 사항을 물어보는 수업 방식을 좋아한다.	□ 자기주도학습과정이 몸에 익숙하다. □ 필요한 기반학습능력을 갖추고 있다.	■ 효과적인 노력을 통한 결실관리 ■ 자기주도 학습과정의 체득화
A2	설명에 집중하고, 숙제도 열심히 한다. 일정 수준 이상의 성적을 유지는 하나, 그 이상을 뛰어넘지는 못한다.	□ 수동적인 공부방식에 익숙해, 깊이 있는 사고과정의 훈련에 한계를 가지고 있다.	■ 자기주도 학습과정의 훈련
B1	설명에 집중하고, 숙제도 열심히 하려고 하나, 잘 하지 못해서 실망이 많다. → 학원 등에서 시험대비를 잘할 때는 어느 정도 시험성적은 유지되지만, 좀체 그 상태를 벗어나지 못하고 있다.	□ 기반학습능력(이론이해능력, 문제해결능력)이 부족하다. → 기반학습능력 향상이라는 방향성을 유지하지 않은 채, 단순한 학교시험대비 유형별 문제풀이 반복학습은 단기적인 성과를 기대할 순 있어도(초·중등), 근본적인 기반학습능력 향상을 기대하긴 어렵다.	■ 변화의 노력이 결실을 맺을 때까지의 과정의 이해 ■ 꾸준한 노력을 통한 단계적 향상 계획 및 이정표 관리

	태도/현상	이유	변화 관리 / 동기 부여
B2	설명에는 집중하나, 숙제를 잘 하지 않는다.	▢ 공부를 잘하고 싶은 마음은 있으나, 놀고 싶은 마음을 앞서진 못한다.	■ 올바른 공부습관의 중요성 및 형성과정의 인식 ■ 강한 실행 동기의 제공
C1	1:1 설명 시에는 그래도 집중하나, 전체 강의식 설명 시에는 집중하지 않는다.	▢ 공부 못해도 잘 살 수 있다. → 다른 일을 하면 된다. ▢ 공부를 해야 하는 이유는 시험을 잘보기 위해서라고 생각한다. 그래서 좋은 대학 가려고…… ▢ 똑똑해지기 위해서 공부하는 것이 아니라, 타고난 똑똑한 사람이 공부를 잘하는 것이라 생각한다. 즉 자신이 현재 공부를 못하는 이유는 노력이 부족해서가 아니라 똑똑하게 태어나지 않았기 때문이라 생각한다.	■ 잘못된 환상을 깬다. → 선택의 폭이 좁고 질이 떨어진다. ■ 인식의 전환 - 공부를 하는 이유는 똑똑해지기 위해서다. -노력만큼 결과가 따른다. 내용이 다를지라도…… → 적은 노력·좋은 결과는 노력에 대한 나쁜 습관 형성
C2	1:1 설명 시에도 집중하지 않는다.		

■ 노력의 습관형성을 위해서 중요한 점 : 도중에 실망해서 포기하지 않도록……

- 노력의 합리성 : 노력에 상응하는 결과를 얻는 되는 것이고, 노력한만큼 어딘가 결과가 쌓이게 됨을 이해하고 체득하여야 한다.

- 변화노력이 현실적인 결실을 맺을 때까지의 쌓이는 과정을 이해해야 한다.

  → 어떤 경험이든 스스로의 노력을 통한 성취감을 맛보는 것은 이를 위한 최적의 자산이다.

자기주도학습 교육과정의 형상화

〈기본원리〉 실력을 효과적으로 향상시키려면? - 학습관리 관점

Step1.
전체적인 체계에서
어디가 부족한지를 찾아낸다.

⇨

Step2.
그것을 보완하는 방법을 찾고,
훈련을 통해 자기 것으로 만든다.

〈적용〉

자기주도학습체계
→ 표준 이론학습 과정
→ 표준 문제해결 과정

+

클리닉체계
→ 표준 이론학습 과정
→ 표준 문제클리닉 과정

+

실행관리체계
→ 표준 데이터 관리
→ 표준 리포트 관리

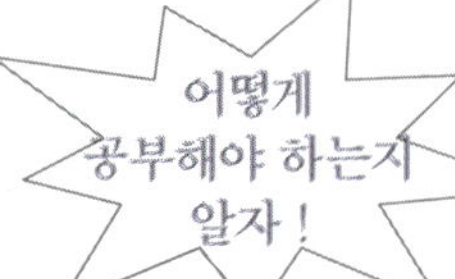

집 : 집중공부를 위한
습관/환경 관리

학원 : 올바른 방향코치
및 수행 내역 관리

잘 못하고 있다면, 무엇을 못하고 있는지 알아보자.

<table>
<tr><td>Step1.
전체적인 체계에서
어디가 부족한지를 찾아낸다.</td><td></td><td>Step2.
그것을 보완하는 방법을 찾고,
훈련을 통해 자기 것으로 만든다.</td></tr>
</table>

〈적용〉

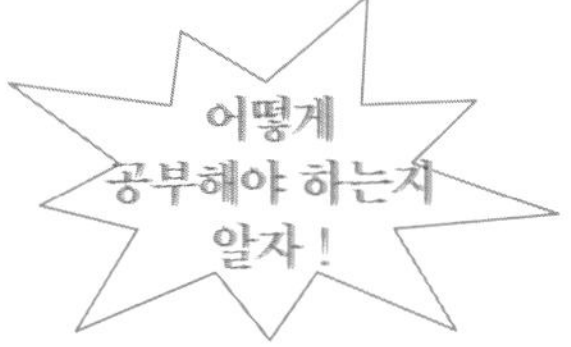

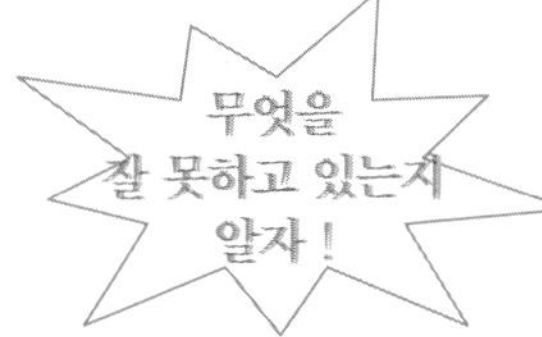

실행관리체계
→ 표준 데이터 관리
→ 표준 리포트 관리

어떻게
공부해야 하는지
알자!

무엇을
잘 못하고 있는지
알자!

변화를 실천하고,
제대로 하고 있는지?
현재 내 위치는
어디인지 알자!

무엇을 잘못하고 있을까?

- 이론에 대한
  자기주도학습과정 없이
  처음부터 설명을 듣고,
  쉽게 외우려고 한다.
- 골치 아프게 논리적인
  사고를 통해 문제
  풀이를 접근하지
  않고, 대신 쉬운
  방법으로 그냥 알고
  있는 문제풀이 패턴을
  적용하려 한다.

- 이론들간의 상호연결
  및 도출과정에 대한
  이해를 하려고 하는
  의지가 부족하다.
  암기가 편하다.
- 틀린 문제에 대한
  답을 구할 뿐, 왜
  그 문제를 틀리게
  되었는지에 대한
  원인을 찾으려는
  의지가 부족하다.
  결과 위주.

- 배운 이론에 대한
  복습을 하지 않아,
  시간이 지남에 따라,
  외운 이론들을 쉽게
  잊는다.
- 숙제를 잘 하지 않아,
  지적된 문제점들을
  제때에 자기 것으로
  만들지 못해, 다시
  반복하게 된다.
- 집중력 있는 공부를
  하지 않아, 효율성이
  무척 떨어지고,
  사고력 향상을
  기대하기 어렵다.

집 : 집중공부를 위한
     습관/환경 관리

학원 : 올바른 방향코치
       및 수행 내역 관리

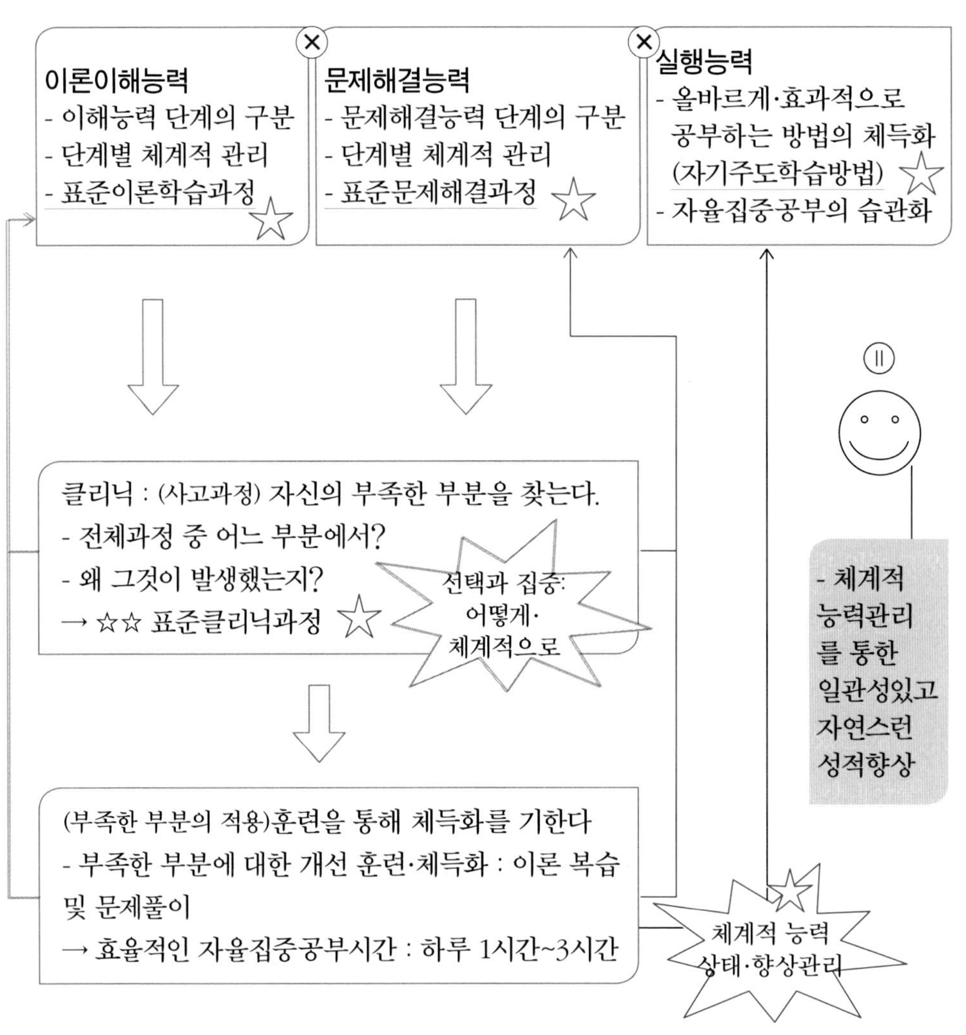

이론이해능력
- 이해능력 단계의 구분
- 단계별 체계적 관리
- 표준이론학습과정 ☆
문제해결능력
- 문제해결능력 단계의 구분
- 단계별 체계적 관리
- 표준문제해결과정 ☆
실행능력
- 올바르게·효과적으로 공부하는 방법의 체득화 (자기주도학습방법) ☆
- 자율집중공부의 습관화
클리닉 : (사고과정) 자신의 부족한 부분을 찾는다.
- 전체과정 중 어느 부분에서?
- 왜 그것이 발생했는지?
→ ☆☆ 표준클리닉과정 ☆
선택과 집중: 어떻게· 체계적으로
(부족한 부분의 적용)훈련을 통해 체득화를 기한다
- 부족한 부분에 대한 개선 훈련·체득화 : 이론 복습 및 문제풀이
→ 효율적인 자율집중공부시간 : 하루 1시간~3시간
- 체계적 능력관리 를 통한 일관성있고 자연스런 성적향상
☆ 체계적 능력 상태·향상관리

<아이가 잘 못하고 있다면, 어디를 보완해야 할까요?>

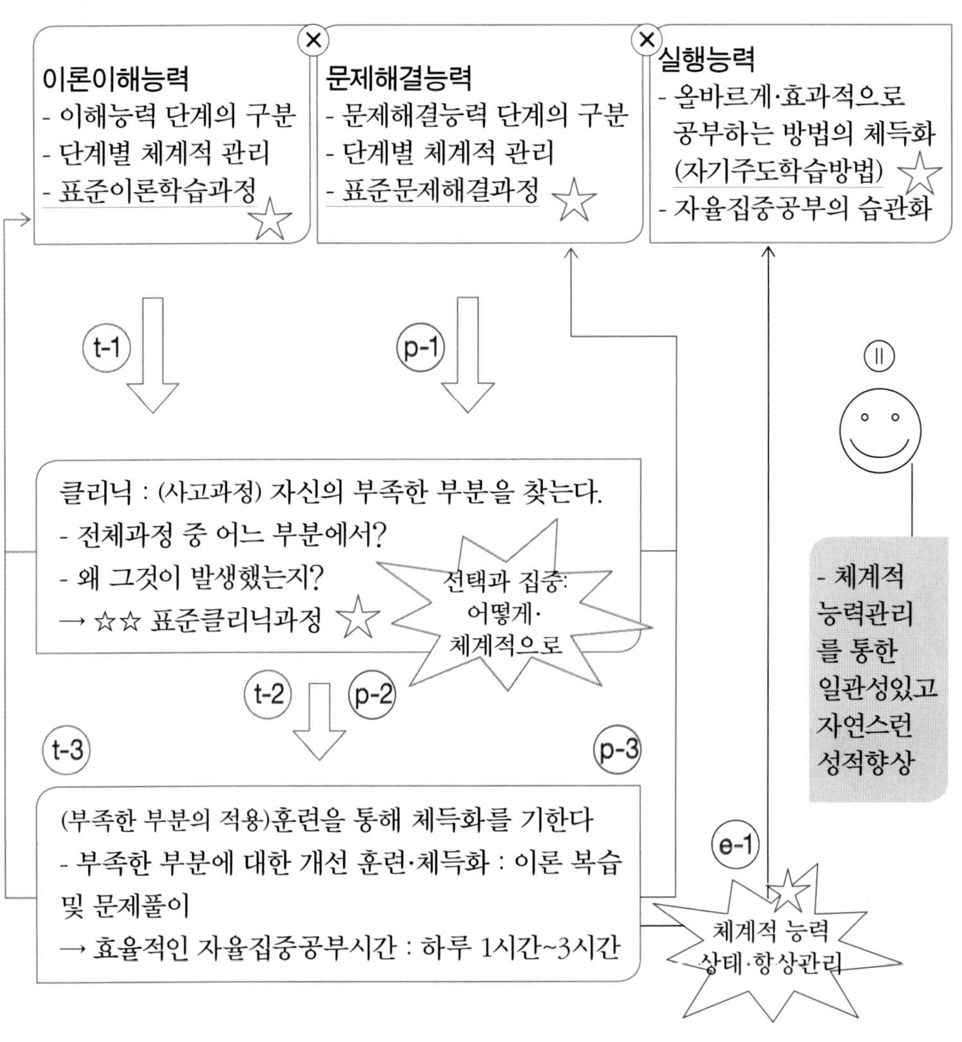

<아이가 잘 못하고 있다면, 어디를 보완해야 할까요?>

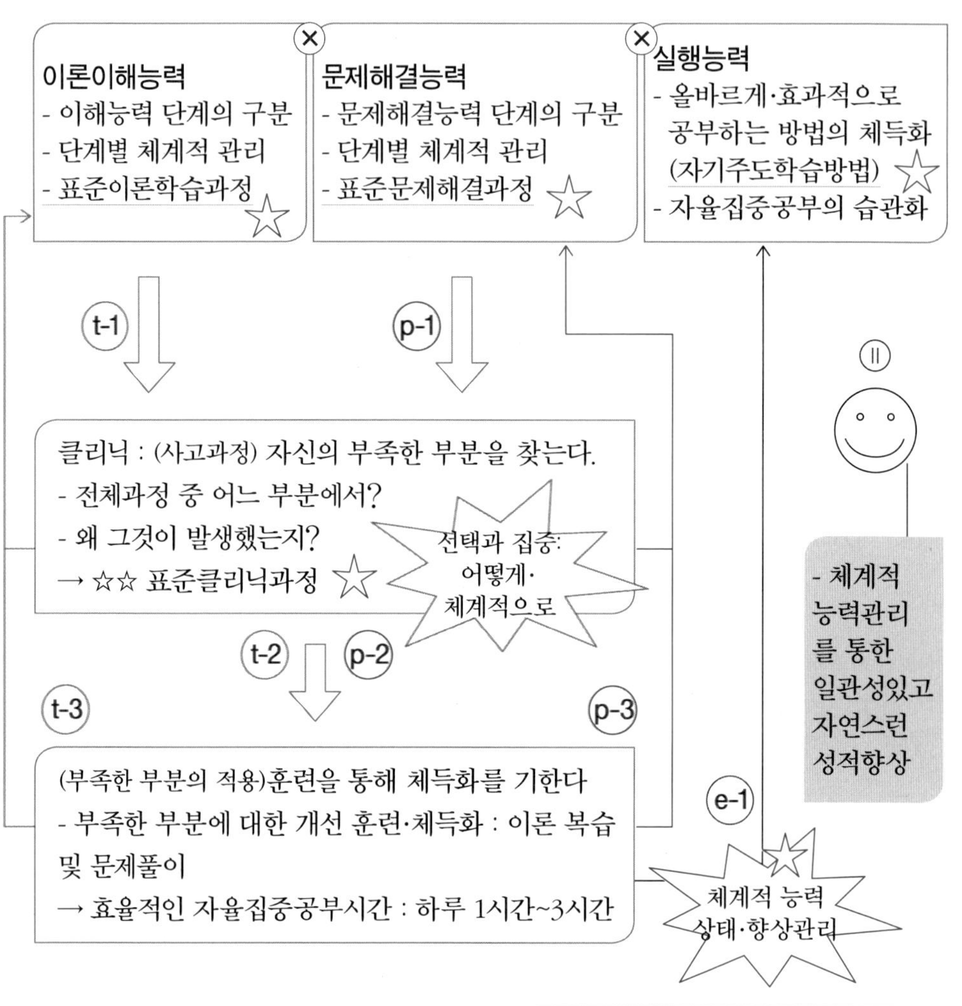

<아이가 잘 못하고 있다면, 어디를 보완해야 할까요?>

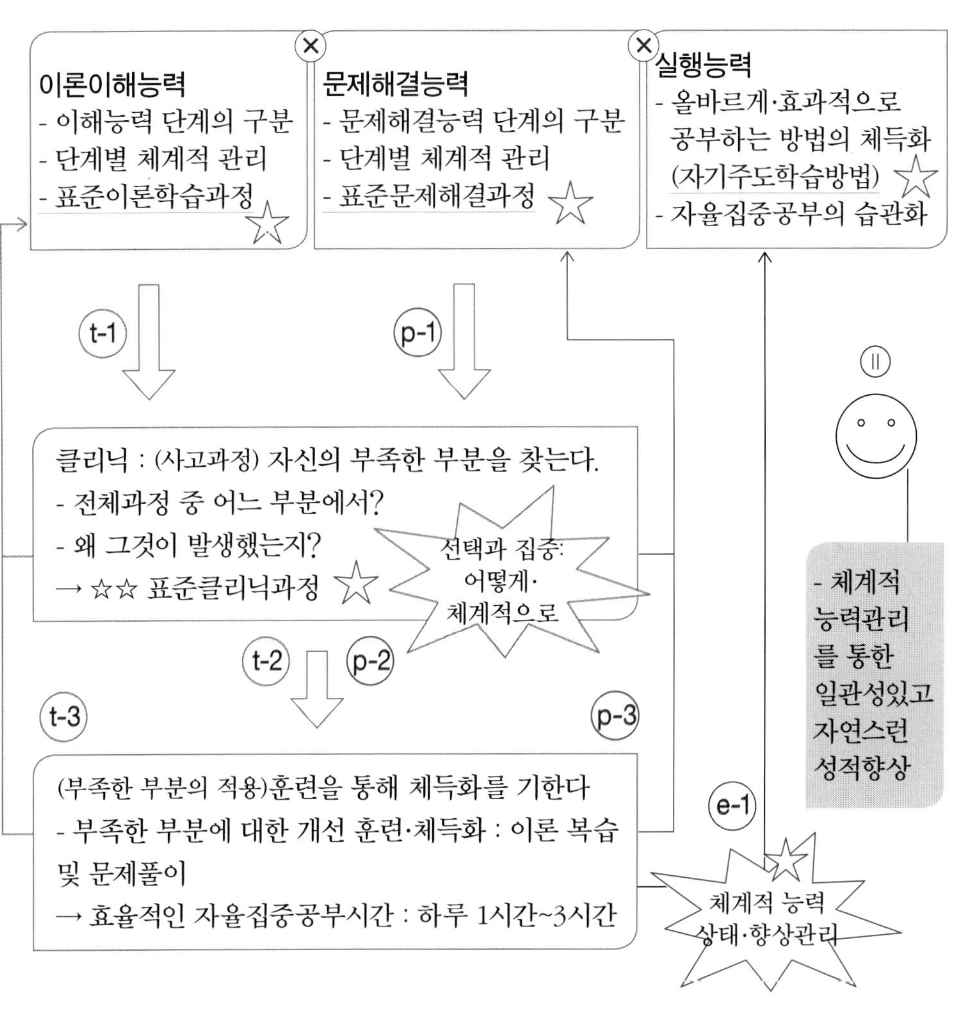

<table>
<tr><td width="50%">

t-2 : 이론학습과정의 문제점

① 미리 읽어 보질 않아, 선생님의 설명을 있는 그대로 받아들이려고 한다.

  - 이론에 대한 자기주도학습능력의 향상을 기대하기 어렵다.

② 선생님의 설명에 집중하지 않는다.

③ (스스로 설명할 수 없는) 이해가 부족한 부분에 대한 질문을 하지 않는다.

</td><td width="50%">

※ 바람직한 모습

이론 학습시, 미리 체크한 사항들에 대한 스스로의 이해를 점검하고 필요한 질문을 한다. 이론의 내용을 구체적인 케이스를 가지고 다각도로 형상화해 봄으로써 이론의 이해도를 높여나간다.

</td></tr>
</table>

〈아이가 잘 못하고 있다면, 어디를 보완해야 할까요?〉

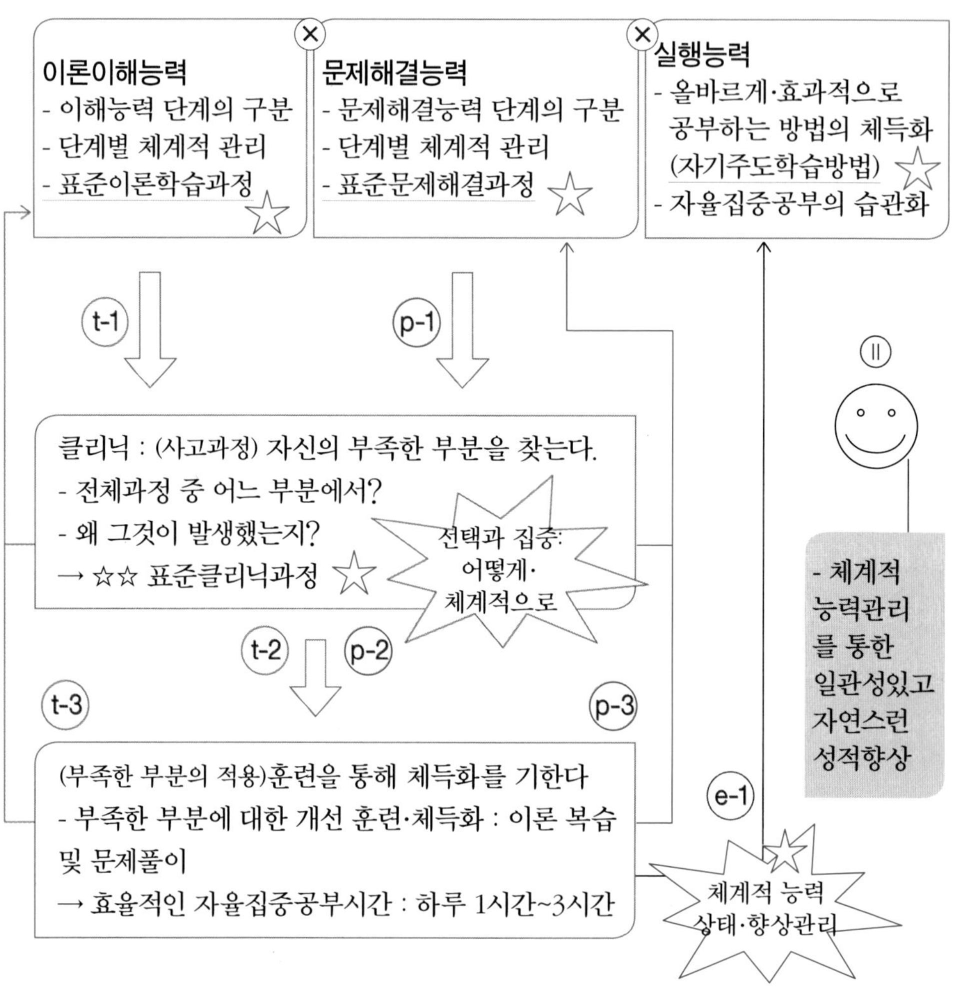

t-3 : 이론복습과정의 문제점
① 배운 부분에 대한 복습을 하지 않는다.
② 남에게 설명할 수 있는 단계로 이해를 발전시키지 않는다.
　- 현재는 알고 있다고 생각되는 이론들도, 단순히 외운 부분은 시간이 지나면 잊게 된다.

※ 바람직한 모습
이론 학습시 또는 문제 클리닉을 통해 발견된, 이해가 미진한 이론부분에 대해, 복습을 수행함으로써 부족한 이론들에 대한 이해도를 높여나간다.

〈아이가 잘 못하고 있다면, 어디를 보완해야 할까요?〉

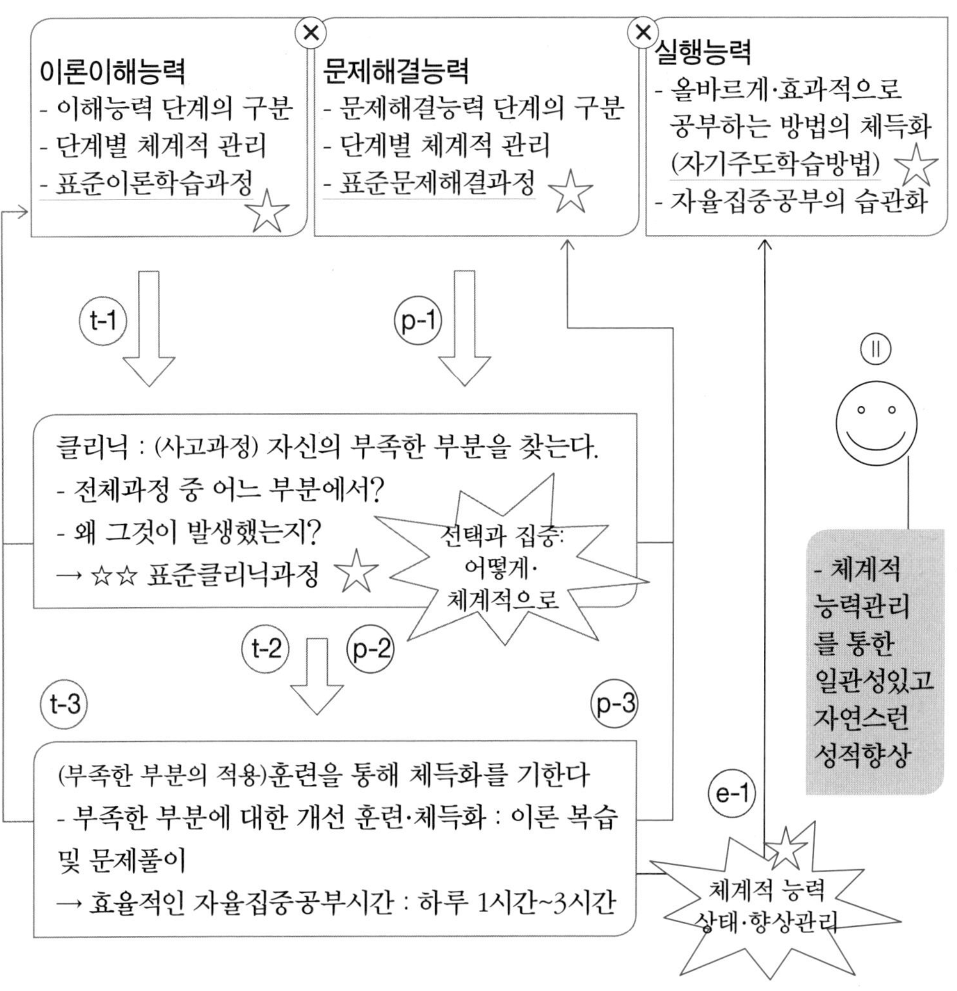

p-1 : 문제풀이과정의 문제점
① 표준문제해결과정에 준하여
문세풀이를 하지 않음에 따라, 논리직인
사고의 흐름에 대한 연습이 효과적으로
되지 못한다.
- 그냥 문제 푸는 데에 급급한 상황이다.
② 아이의 단계에 따른 훈련량이 충분치
않다.
- 지정된 숙제를 잘 해오지 않는다.
③ 표준문제해결방법을 모른다.

※ 바람직한 모습
지정된 숙제에 대해, 표준문제해결과정
에 준하여 문제를 풀어, 현재의
논리사고력(문제해결능력) 단계에
대한 충분한 훈련이 되도록 하고, 틀린
문제들에 대해 표준절차대로 ☆/☆☆를
표시하여, 클리닉 수업시 자신이 놓친
사고의 과정을 효과적으로 점검받을 수
있도록 준비한다.

〈아이가 잘 못하고 있다면, 어디를 보완해야 할까요?〉

이론이해능력
- 이해능력 단계의 구분
- 단계별 체계적 관리
- 표준이론학습과정 ☆

문제해결능력
- 문제해결능력 단계의 구분
- 단계별 체계적 관리
- 표준문제해결과정 ☆

실행능력
- 올바르게·효과적으로 공부하는 방법의 체득화 (자기주도학습방법) ☆
- 자율집중공부의 습관화

t-1

p-1

클리닉 : (사고과정) 자신의 부족한 부분을 찾는다.
- 전체과정 중 어느 부분에서?
- 왜 그것이 발생했는지?
→ ☆☆ 표준클리닉과정 ☆

선택과 집중: 어떻게· 체계적으로

t-2

p-2

t-3

p-3

e-1

- 체계적 능력관리 를 통한 일관성있고 자연스런 성적향상

(부족한 부분의 적용)훈련을 통해 체득화를 기한다
- 부족한 부분에 대한 개선 훈련·체득화 : 이론 복습 및 문제풀이
→ 효율적인 자율집중공부시간 : 하루 1시간~3시간

체계적 능력 상태·향상관리

p-2 : 문제풀이 클리닉과정의 문제점
① 수업시간 중에 문제를 풀거나, ☆☆ 만드는 작업을 함으로써, 클리닉을 통해 자신의 논리적인 사고의 과정에 대한 문제점을 찾고 보완하는 본래의 목적에 치중하지 못한다.
② 주위 산만하여 수업에 집중하지 않는다.
③ 클리닉 과정의 목적에 대해 충분히 이해하지 못하여, 이전에 왜 그렇게 하였는지 자신의 사고의 과정을 집어 보려 하지 않는다.

※ 바람직한 모습
미리 체크된 ☆☆ 문제들에 대하여, 클리닉 과정을 통해, 자신이 어느 단계의 사고과정을 잘못하여 문제를 틀리게 되었는지 확인하고, 왜 잘못하게 되었는지 그 원인을 찾아, 이후 복습과정에서 무엇을 보완해야 하는지 알아낸다.

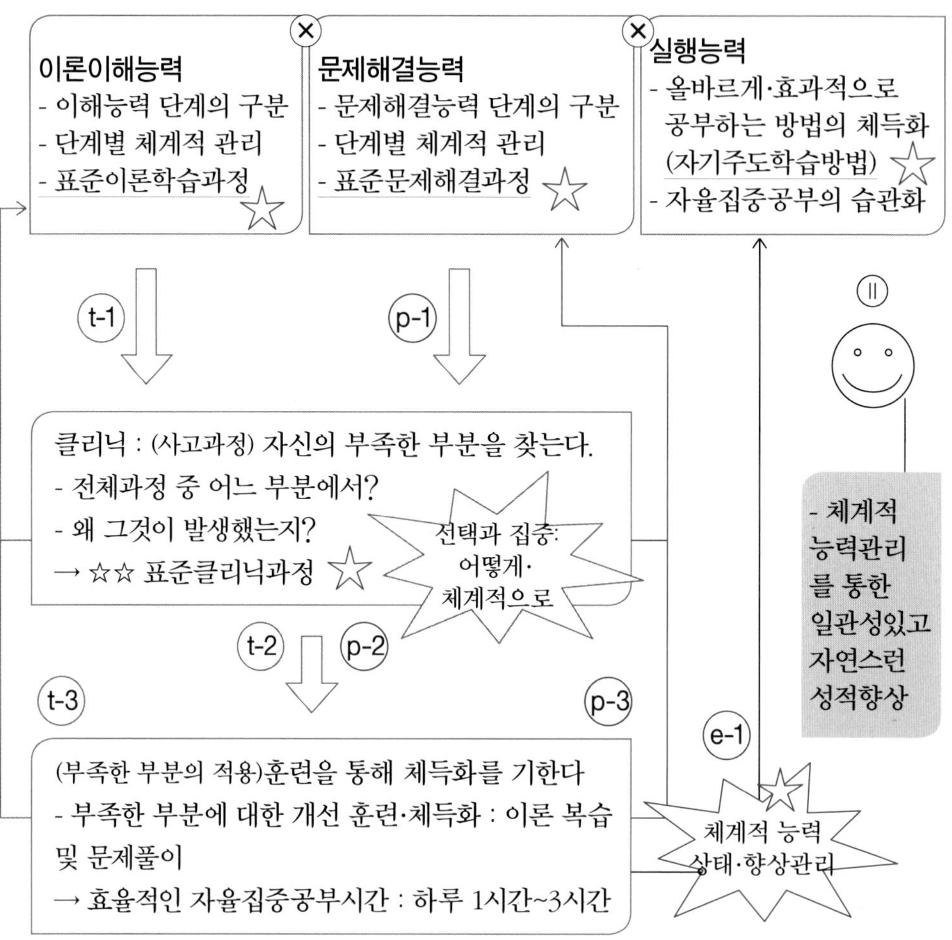

〈아이가 잘 못하고 있다면, 어디를 보완해야 할까요?〉

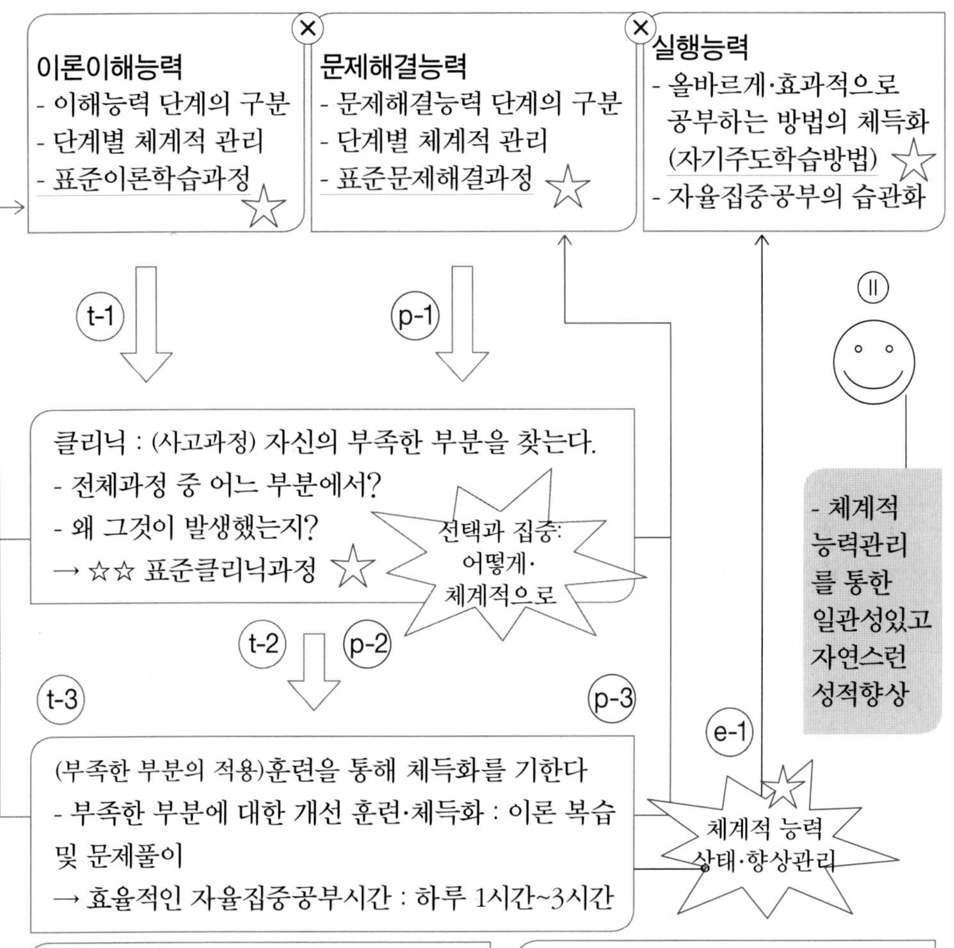

p-3 : **문제풀이 복습과정의 문제점**
① 클리닉을 마친 ☆☆문제들을 다시 풀어보지 않는다.
② 비록 다시 풀어보지만, 자신의 사고의 과정을 점검하기 보다는 문제풀이방법 자체의 기억에 더 치중한다.
　- 클리닉을 통해 지적된 자신의 사고과정의 문제점을 단순히 실수라고 생각하고 가볍게 여긴다. 이는 반복을 초래하기 쉽다.

※ 바람직한 모습
클리닉 과정을 통해 발견된 자신에게 부족했던 사고의 과정을 염두에 두고, 다시 한번 ☆☆ 문제들을 풀어보며 그 내용을 확인한다. 만약 관련이론의 이해가 부족하여 형상화가 안된 경우, 관련 이론에 대한 복습을 마친 후, 해당 문제를 다시 풀어본다.

<아이가 잘 못하고 있다면, 어디를 보완해야 할까요?>

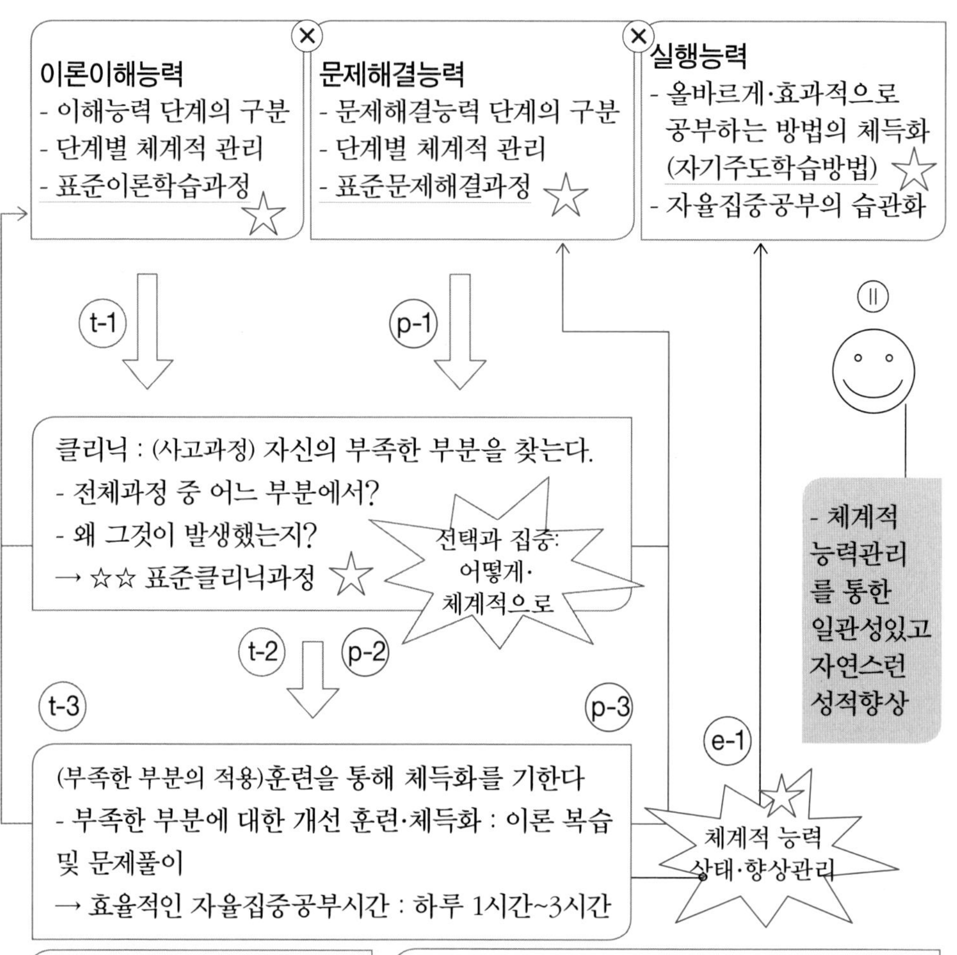

e-1 : (자기주도) 훈련과정의 문제점
① 스스로 집중적으로 공부하는 시간이 30분을 넘지 못한다.
   - 알아낸 내용을 체득화 하지 못해, 시간이 지남에 따라 점차 잊어 먹게 된다.

※ 바람직한 모습
자기주도학습훈련은 이론 공부 및 문제풀이를 대상으로 하여 올바른 사고의 과정을 연습하는 것이라 할 수 있다. 그리고 이러한 훈련과정을 통해 논리적인 사고력이 길러지는 것이다. 그런데 사고력 향상을 위해 필요한 사고의 근육은 집중적으로 공부할 때 비로서 생성되기 시작하므로, 아이들 단계에 따라 1시간에서 3시간 정도까지 점차적으로 늘려가는 것이 필요하다. 산책하듯이 띠엄 띠엄 공부해서는 사고력향상은 기대하기 어렵다.

<통상적인 학원 학습과정 - 무엇이 부족할까요?>

이론학습
- 선생님에 의존적인
신규이론 설명
  → 새로운 이론에 대한
  자기주도학습능력 훈련이
  되지 못한다. 대부분 경우
  암기하는 경우가 많다.

+

유형별 문제풀이 학습
- 이론의 개념·원리에 대한
적용패턴
  → 문제의 분석을 통한
  과도출이라는 논리적인
  사고력 훈련이 되지
  못하고, 패턴별암기식
  공부가 되기 쉽다.
  → 난이도 있는 문제에
  대한 적용이 어렵다.

=

?

시험결과위주의
상태·향상관리

대량의 문제를 통해 반복적인 풀이훈련을
한다.
- 임의 대량훈련방식
  → 스스로 자신의 부족한 부분을
  찾아내지 못할 경우, 필요이상의
  단순반복훈련이 되기 쉬워, 투자대비
  결과를 기대하기 어렵고 공부에 흥미를
  잃기 쉽다.

실행능력관리 측면
- 자율집중공부의 습관화 기대
  → 자기주도학습방법의
  체득화를 기대하기 어렵다.

선택과 집중이
되지 못한다.

클리닉 과정을 통해 틀린 부분을 재
학습한다.
- 이해부족 이론에 대한 반복 설명 및 틀린
문제에 대한 풀이방법 가이드
  → 그냥 답을 풀어주는 것은 새로운 암기의
  대상이 되기 쉽다.
  → 자신을 지배하는 전체적인 논리의
  사고과정 중 어디 부분이 잘못되어서 그
  문제를 틀리게 되었는지 스스로 인지하지
  못하는 경우, 그 과정은 다시 반복되기 쉽다.

□ 단기적으로, 쉽게 공부할 수 있다는
잘못된 공부습관의 형성

□ 논리 사고력 훈련이 되지 못한다.
수학도 복잡한 암기과목일 뿐이다.

□ 이 방법은
초 단기과정 및 저 난이도 시험
그리고 공부의지가 부족한 학생일 경우,
초기 방법으로 유용할 수 있다.

〈바람직한 표준학습과정 - 자기주도 학습훈련〉

〈숙제〉 이론 예습 과정
: 이론의 자기주도학습 훈련 (표준이론학습과정 적용)

〈수업〉 이론 학습과정 1
: 학생의 이론 예습내용 중 어려웠던 부분을 참고하여, 이론의 개념과 원리
 (이론의 연결)를 설명

〈수업〉 이론 학습과정 2
: 예제풀이를 통해 개념의 이해 수준 확인
→ 학생의 현재 문제해결능력 단계에 맞는 난이도의 문제를 대상으로 숙제를 냄

〈숙제〉 이론의 숙지 및 문제해결능력 체득 훈련 과정
: 문제 풀이의 자기주도학습 훈련 (표준문제해결과정 적용)
- 자신의 현재 문제해결능력 단계에 맞는 난이도의 문제 풀이 훈련을 통해
 이론의 숙지 및 정제 그리고 문제해결을 위한 논리적인 사고과정의 체득화
- 자율집중학습 훈련을 통해 효과적인 공부습관 들이기

〈수업〉 문제해결능력 코칭학습과정 1
: 문제 클리닉을 통해 취약부분 개선 (표준문제클리닉과정 적용)
① 틀린 문제의 클리닉 과정을 통해, 관련 이론에 대한 이해 및 논리적인 문
제해결 과정 중 잘못된 부분을 찾아내고 설명한다.
② 부족한 부분을 보완할 수 있도록 아이의 상황에 맞는 적합한 방법을 가
이드한다.
- 배경이론의 개념원리에 대한 설명
- 표준문제해결과정의 적용방법 지도

〈수업〉 문제해결능력 코칭학습과정 2
: 코칭을 통해 발견된 부족한 부분을 스스로 재인식하고, 자기 것으로
 만들기 위해 가이드된 부분의 적용을 위한 기본훈련을 한다.
① 설명이 완료된 ☆☆문제에 대해, 문제해결과정 중 자신이 부족했던 부분
을 상기하며, 다시 스스로 풀어본다.
② 이해가 부족했던 이론 부분에 대한 복습하기

나의 수학 능력 관리 차트

	이론이해능력	문제해결능력	실행능력	나의 현재 단계
10 -	**Level 3** • 사실의 연결 - 핵심원리 및 변형 논리의 이해 • 자가 원인해결 - 모르게 된 원인의 파악 및 해결방안 모색 • 지도의 확장	**Level 3** • 난이도별 문제구성 원리에 대한 이해 • 3차 이론 적용 - 2단계 과정의 체득화 • 문제를 푸는 다양한 방법의 모색	**Level 3** • 1일 자율 집중 공부시간 - 3시간	**Level 3**
8 -	✕ **Level 2** • 사실의 연결 - 양방향 논리흐름의 이해 • 자가 잘못 진단 - 모르는 부분에 대한 구체적인 자가 인식	✕ **Level 2** • 문제 내용의 전체적 이해 - 주어진 조건 및 목표 그리고 이론의 연계 형상화 • 2차 이론 적용 - 1단계 과정의 체득화	✕ **Level 2** • 1일 자율 집중 공부시간 - 2시간	＝ **Level 2**
5 -	**Level 1** • 사실의 연결 - 단방향 논리흐름의 이해 새 이론 외우기	**Level 1** • 문제 내용의 명확한 이해 - 주어진 조건과 구하는 것의 형상화 • 1차 이론 적용 문제 패턴 외우기	**Level 1** • 1일 자율 집중 공부시간 - 1시간 산책하듯이 공부하기	**Level 1**

＋

나의 지식지도 완성도 진단

통계 III		적분법	미분법	이차곡선	공간도형·좌표	벡 터
확률 II						
	수열의 극한	방정식과 부등식 II	함수의 극한과 연속	삼각함수 II	행렬 II	
	수열	행렬	지수와 로그함수	삼각함수 I		
순열과 조합		방정식과 부등식 I	**함수 (종합)**	도형의 방정식		
집합 II·명제	수의 이해 - 복소수 - 실수 II	식의 계산 II			삼각형과 원	
통계 II	수의 이해 - 실수 I	이차방정식	이차함수	삼각비·원의 성질		
확률 I		인수분해	일차함수	삼각형·사각형의 성질 및 닮음		
통계 I	수의 이해 - 유리수	**일차방정식 ·부등식**	함수의 개념	입체도형		
집합 I	수의 이해 - 정수	식의 계산 I				
경우의 수·확률	수의 이해	수 연산		기본도형		
자료의 표현·해석	자연수 약수와 배수 - 소수 - 분수 - 자리수 (진법)	- 방정식 - 단위·비와 비율 - 사칙연산 - 분수·소수 계산 - 덧셈·뺄셈·곱셈·나눗셈		- 원주율·원의 넓이· 원기둥, 원뿔의 넓이 및 부피 - 각기둥·각뿔 - 도형의 합동·대칭 - 도형의 둘레 및 넓이 - 삼각형·사각형·원		

별첨

표준문제해결과정 4Step (VTLM)

표준문제해결과정의 형상화

이론의 개념·원리 이해를 위한 4Step 사고의 적용

표준문제해결과정 4Step (VTLM)

– 효과적인 문제해결을 위한 논리적 사고의 흐름

1. **내용형상화(V)** : 내용의 명확한 이해 및 주어진 조건의 규명

    1-1. 단위문장(구·문)별로 각각의 내용을 식으로 표현한다.

       - 직접적으로 기술된 조건들의 규명

    1-2. 식으로 표현된 조건들을 그림으로 표현하여 종합한다.

       - 전체적인 이해 및 문맥상의 숨겨진 조건들의 규명

2. **목표구체화(T)** : 구체적 방향을 설정하고 필요한 것 확인

    2-1. 목표의 형상화 : 형상화된 조건들과 함께 목표를 연관하여 표현

    2-2. 필요한 것 찾기 : 목표와 주어진 내용과의 차이 분석

     - 형상화된 내용을 기반으로,

       목표를 달성하기 위해서 추가적으로 필요한 것을 찾는다.

3. **이론 적용(L)** : 필요한 것을 얻기 위한 적용이론 찾기

    3-1 : 필요한 것과 연관된 조건을 실마리로 하여 적용이론 찾기

    3-2 : 적용이론들을 통합하여 전체 솔루션 설계

4. **계획 및 실행(M)** : 효율적인 실행순서의 결정 및 실천

    해야 될 일들에 대한 우선순위를 정하고, 정리된 계획을 실행에 옮긴다.

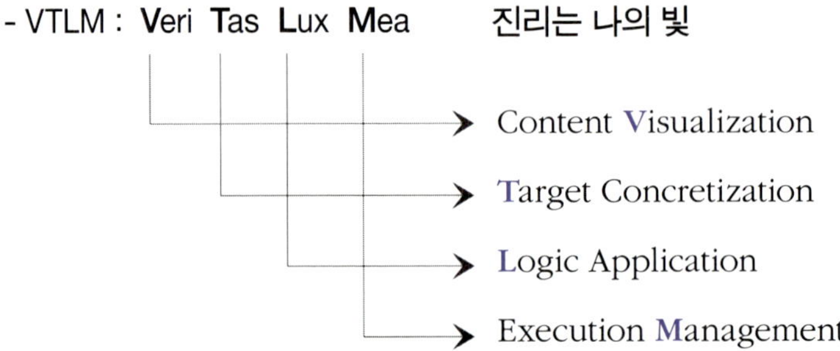

표준문제해결과정의 형상화

- 표준문제해결과정은 문제를 가장 쉽게 푸는 방법이다.

1. 내용형상화(V)

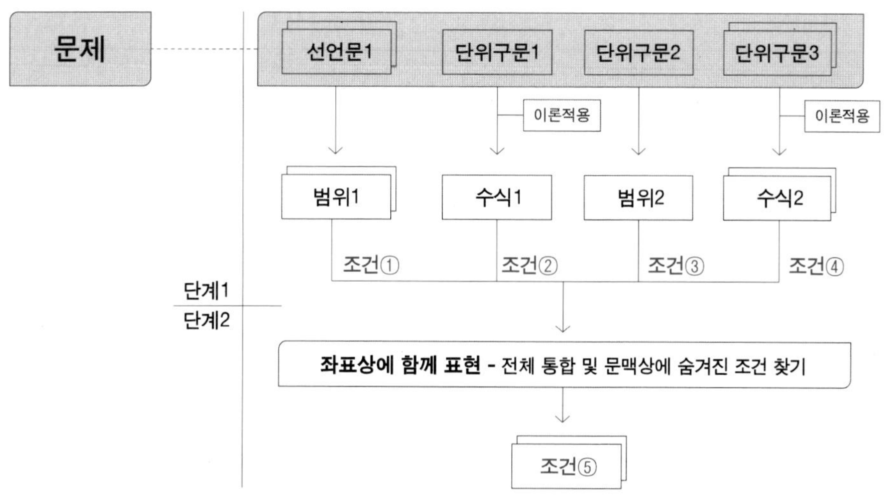

2. 목표구체화(T)

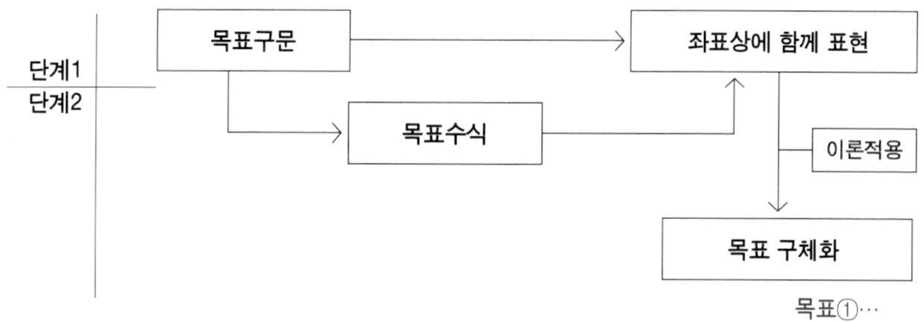

3. 이론적용(L)

밝혀진 조건들(①②③④⑤……)을 실마리로 하여, 구체화된 목표를 구하기 위한 적용이론들을 찾는다.

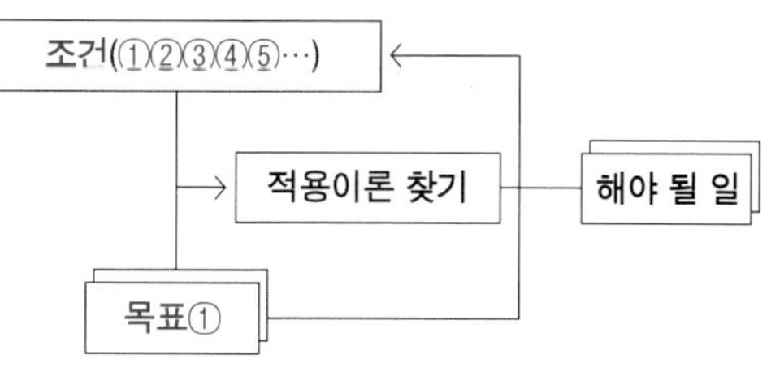

4. 계획 및 실행(M)

효율적인 작업을 위한 일의 우선순위 설정 및 실행

이론의 개념·원리 이해를 위한 4Step 사고의 적용

함수 :
원점에서 직선 ax + by + c = 0 까지의 거리

$$d = \frac{|c|}{\sqrt{a^2 + b^2}}$$

V.Step 1 : 내용형상화

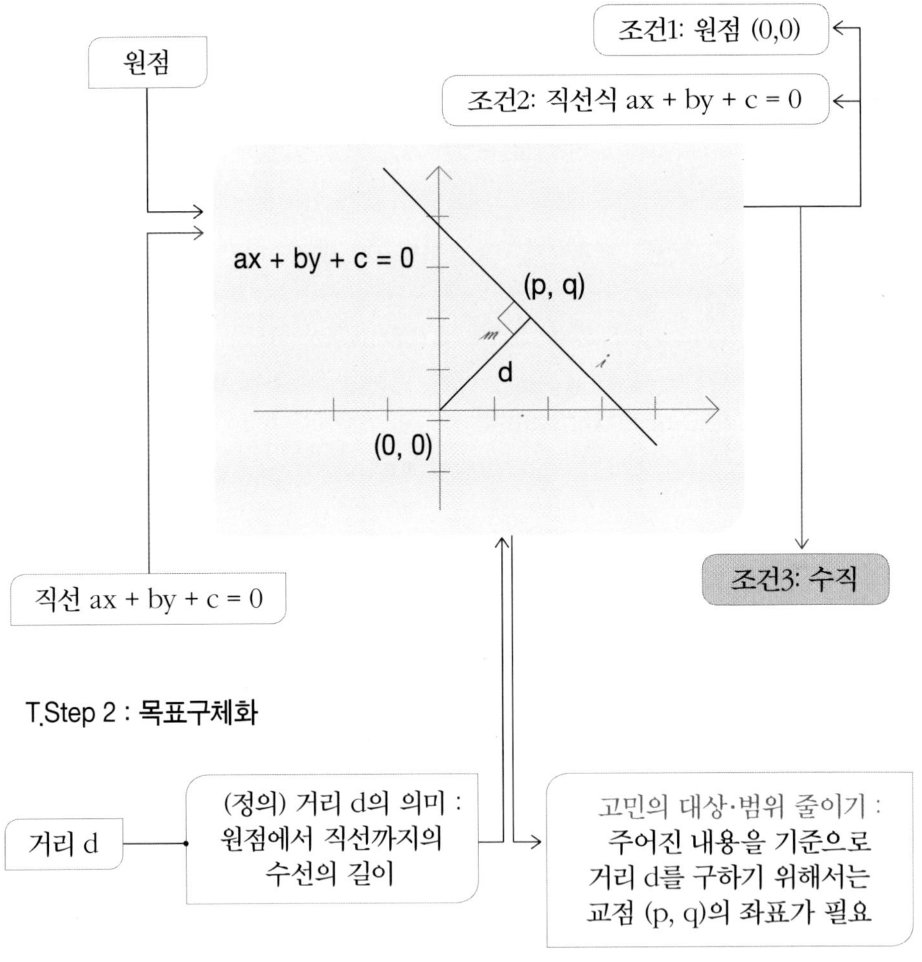

T.Step 2 : 목표구체화

거리 d

(정의) 거리 d의 의미 :
원점에서 직선까지의
수선의 길이

고민의 대상·범위 줄이기 :
주어진 내용을 기준으로
거리 d를 구하기 위해서는
교점 (p, q)의 좌표가 필요

L.Step 3 : 이론적용

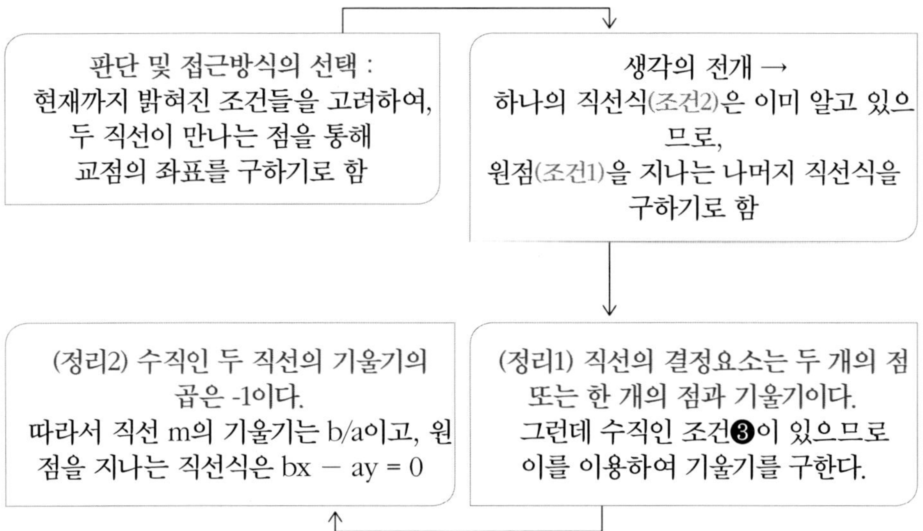

M.Step 4 : 계획및실행

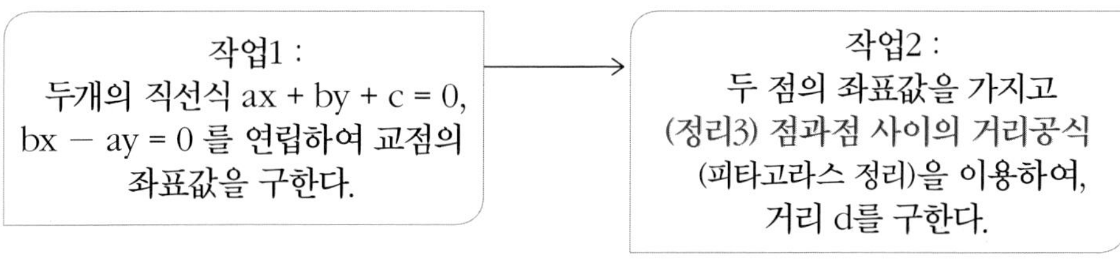

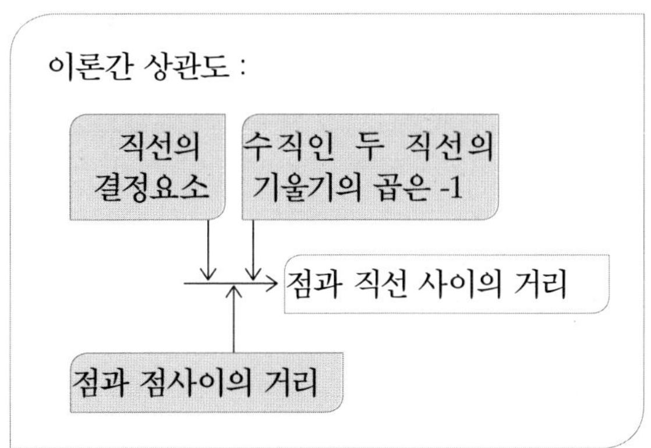

- 추가적인 이론들에 대한 4Step 사고의 적용

"생각의 공간 2TR"카페(http://cafe.daum.net/2thinkright) 참조

발 행 일 | 2013.04.12
지 은 이 | 손중모
펴 낸 이 | 김양수
편집디자인 | 이정은
펴 낸 곳 | 도서출판 맑은샘
전   화 | 031.906.5006
이 메 일 | okbook1234@naver.com
F A X | 031.906.5079
주   소 | 경기도 고양시 일산동구 마두동 827-5번지 1층

ISBN 978-89-98374-09-9
ISBN 978-89-98374-10-5 (세트)
가격 16,000원